北师大许燕教授
心理学丛书

许燕 著

成为更好的自己

许燕
人格心理学
30讲

机械工业出版社
CHINA MACHINE PRESS

图书在版编目（CIP）数据

成为更好的自己：许燕人格心理学30讲 / 许燕著. —北京：机械工业出版社，2020.1
（2024.9重印）

ISBN 978-7-111-64366-1

I. 成… II. 许… III. 人格心理学 IV. B848

中国版本图书馆 CIP 数据核字（2019）第 273617 号

在本书中，北京师范大学心理学部教授、博士生导师许燕，将结合自己30多年的教学和研究经验，带你走进这个浩瀚而神秘的系统——人格。

人格心理学被视为人生哲学，因为它对人生的思考具有指引作用，这也是我们学习人格心理学的原因。本书分为8个部分共30讲，为读者讲授人格心理学的概念，破译魅力人格的密码，让读者更好地了解自我，理解他人，塑造健康的人格，展示人格的力量，从而获得最佳成就，创造美好未来。

成为更好的自己：许燕人格心理学30讲

出版发行：	机械工业出版社（北京市西城区百万庄大街22号　邮政编码：100037）
责任编辑：	杜晓雅
责任校对：	李秋荣
印　　刷：	北京虎彩文化传播有限公司
版　　次：	2024年9月第1版第7次印刷
开　　本：	147mm×210mm　1/32
印　　张：	8.375
书　　号：	ISBN 978-7-111-64366-1
定　　价：	59.00元

客服电话：(010) 88361066　68326294

版权所有·侵权必究
封底无防伪标均为盗版

| 目 录 |

导语　一次内心世界的探险｜揭秘你的人格魅力　　　1

第一部分·人生英雄，命运殊途

第 1 讲　弗洛伊德的冰山一角｜人格心理学鼻祖的故事　　6
第 2 讲　内在我与外在我的角力｜人生舞台上的演员　　16
第 3 讲　成为主宰自己命运的英雄｜人格决定命运　　24
第 4 讲　阳光下必有阴影｜人格暗影与暗黑人格　　30

第二部分·因为不同，所以可爱

第 5 讲　人心不同，各如其面｜人格差异性　　40
第 6 讲　世上独一无二的你｜人格典型性　　47
第 7 讲　转动你的人格魔方｜人格的调控　　55
第 8 讲　探索你的内在人格特质｜心理元素周期表　　63

第三部分·江山易改，禀性难移

第9讲　一个像夏天，一个像秋天 | 气质类型　　72

第10讲　一朝被蛇咬，代代怕井绳 | 集体无意识　　79

第11讲　超越自卑的一生 | 自卑发展的双路径　　87

第12讲　童年是成人之父 | 童年经历之殇　　95

第四部分·几个世界，几种人心

第13讲　三面夏娃 | 异常人格与健康人格　　106

第14讲　横眉冷对千夫指，俯首甘为孺子牛 | 人格的多元性　　113

第15讲　透明边界线 | 心理疆界　　120

第16讲　不要停留在过去的世界 | 人格停滞与人格倒退　　128

第五部分·一眼看世界，一眼看自己

第17讲　自知与他知 | 乔哈里窗　　138

第18讲　生命如同洋葱，剥开伤痛时你会流泪 | 自我探索　　145

第19讲　你不可被教 | 自我觉知力　　154

第20讲　如何从焦虑中撤回到内心世界 | 静入心灵　　162

第六部分 · 接纳自己，塑造自我

第 21 讲	镜中画像｜人格的主体我与客体我	172
第 22 讲	只有对痛苦不敏感，才能对快乐更敏感｜心理雷区	180
第 23 讲	设计人生的策略｜短板效应与长板效应	188
第 24 讲	棉花糖实验的预测效应｜延迟满足能力	196

第七部分 · 三种人生，共筑未来

第 25 讲	乐观决定幸福人生｜人格金三角之一	206
第 26 讲	坚韧决定成功人生｜人格金三角之二	214
第 27 讲	希望决定有效人生｜人格金三角之三	221

第八部分 · 人生迷思，答疑解惑

第 28 讲	人格是稳定的还是可变的｜人格稳定性	230
第 29 讲	中年危机，我们为何总是焦虑｜人生转折	236
第 30 讲	爱的艺术｜爱情心理学	241

结束语｜积极心态提升人生格局　　　　　　　　　　251

| 导 语 |

一次内心世界的探险
揭秘你的人格魅力

讲授人格课程 30 余年,诠释人格是我的专业。我的职业是帮助人们了解自我,理解他人,塑造健康的人格,展示人格的力量。人格心理学已经成为我的生活方式,融化在我的生活中。

有人会说,魅力只属于伟人、名人,属于荧屏上的明星、舞台上的模特、畅销书作家,还有《感动中国》里的榜样们,总之不属于平常人。其实,它属于所有人!人各有不同,没有生来成功的预设。你是你人生的设计师与践行者,对人生的思考不同,就会走出不同的人生道路。探索自己,做最好的自己就是你的魅力所在。

人格心理学家的许多理论观点都是对人生问题的解答与思考。人格心理学告诉我们，人与人是如此的不同，但我们不仅应该知道如何描述这种不同，还应该知道其原因，以及如何看待人与人之间的差异，如何塑造人生。

通过学习人格心理学，你可能会重新思考一些之前没有重视过的问题，比如：

怎样看待人性善恶，好人为什么也会做坏事？慈悲的救助与残酷的伤害为什么可能是同一人所为？这些属于人性哲学的问题。

你可能会掌握一些洞察人心的方法，比如：

一位心理学家会怎样识人？应该如何分析自己和他人的性格特征？林黛玉为何多愁善感，哈姆雷特为何优柔寡断？这些是人格结构的问题。

你可能会更理解那些困扰自己已久的问题，比如：

人为什么会焦虑，甚至抑郁？这可怕吗？困扰着每个人的压力，属于心理疾病吗？这些心理疾病可以被治愈吗？这些是人格失常的问题。

江山易改，禀性难移，人可以脱胎换骨吗？意识到自己的不足后，人可以通过努力改变现状，逃脱困境吗？这些是人格改变的问题。

诸多的人生问题，诸多的人生解答。每一个问题都与人格心理学的知识息息相关。正因如此，人格心理学被视为人生的哲学，因为它对人生的思考具有指引价值。它将成为一件生活中的工具，帮你凿开一个贴近他人、理解自己与世界的入口。那些真正希望了解自己，想要变得更优秀，从而塑造自己未来的人，需要人格心理学知识作为基石。

很多心理学爱好者，对心理学最初的了解来自心理咨询，关注的是病态人格。其实，病态人格的形成只是少数人的心理反应，90%的人是正常人，其心理建设的目标是健康人格的发展。所以，心理学要关注成长而不是停滞，要关注优势和潜能，而不是弱点和局限。

人格如同人生绚丽多彩的画卷，人们要用一生来描绘它。心理学家卡尔·荣格（Carl Jung），把人格形容为"一个浩瀚而神秘的系统"，而人生最大的探险，就是对内心世界的探索，这种探索是一项终生的事业。让我们一起站在弗洛伊德等心理巨人的肩膀上，纵观人生，做更好的自己。

　　魅力人格，绚丽人生。由于人格心理学涉及人生经历与思考，因此在阅读此书时，你要边阅读边思考，才能有所感悟。愿你读完这本书后，能够掌握人格心理学知识，增添人格魅力，绘制出属于你的最美的人生画卷。

| 第一部分 |

人生英雄，命运殊途

解读人格与人生的关系。性格如何决定命运？
"当你心中有光明，你的人生将不会黑暗。"

第 1 讲

弗洛伊德的冰山一角

人格心理学鼻祖的故事

> 如果人的心灵是一座冰山,那浮出水面的部分也许仅有 5%。

在谈人格心理学之前,为什么要先谈弗洛伊德?这不仅是因为弗洛伊德是人格心理学的创始人,更重要的是他的人格魅力与思想魅力也吸引了心理学专业内外的无数人,这种影响跨越百年,持续至今。弗洛伊德以其人格魅力展现了人格心理学的魅力。

人的一生中有两种力量最具有魅力:人格的力量和思想的力量,弗洛伊德的魅力就是人格力量与思想力量的结合。所以我会从三个方面,来给大家讲讲弗洛伊德的故事:弗洛伊德是个什么样的人？他的理论为何具有影响力？他与人格心理学有什么关系？

首先，弗洛伊德是一个非常有人格魅力的人。

1856年，弗洛伊德出生于奥地利摩拉维亚，可以说他是个绝对的高智商学霸，也是个"宅男"，一天到晚把自己关在屋子里读书，不许别人打扰。他9岁上中学，连续7年学习成绩名列第一，17岁保送上大学，25岁获博士学位；他会7国语言，喜欢莎士比亚与歌德的作品，一生都处于学习、思考和工作之中。

在弗洛伊德的成长道路上有三个重要的影响因素。一是好资质：他聪慧又勤奋，博览群书，喜欢探索，善于创新，思想犀利，志向高远，自信自强，但也孤傲独断。二是好家庭：父亲器重，母亲疼爱，培养了他自强不息、反抗到底的犹太性格。弗洛伊德的母亲喜欢音乐，但是为了给他提供安静的学习环境，她不让弗洛伊德的妹妹弹钢琴。三是好导师：他师从著名的生理学家布吕克，在神经生理学领域接受了导师6年的严格指导与栽培，完成4项独创性研究，26岁首次提出神经元是神经系统基本单位的观点，成为神经元学说的开拓者之一。由于家庭经济困难，弗洛伊德不得不放弃科学研究工作,从事临床医学,丧失了三次成名机会。

这位学术伟人的人生丰富而艰苦,其坚韧不屈的性格令人折服。他一生历尽磨难,只因为他有犹太人的血统。德国纳粹把他视为国家敌人,公开焚烧他的著作,他的多位家人死于集中营。他因患口腔癌做过33次手术,因为他拒绝药物治疗,不得不忍受着长时间的痛苦。直到去世的最后一天,他仍然在坚持工作。但是,纳粹的迫害和晚年时癌症的折磨带来的精神与身体痛苦都没有摧垮弗洛伊德,反而为他提供了思考和解读人格的丰富素材,点燃了他无穷的智慧之光。

有意思的是,弗洛伊德还留下一份特殊的文化遗产,这就是精神分析心理学家的标准形象。大家可以发现他在所有的成人照中都有一种一致的形象:留着胡子,戴一副小眼镜,穿三件套的西服,脖子上挂着怀表,表链晃荡在胸前,斜侧着身,用深邃的目光注视着你。

他的这套职业化的标准装束,透出严谨、规范、权威的特征。他深邃的目光迷人、犀利,直指人心,给人一种控制与征服感,让人敬佩,又让人不安。在他面前你仿佛没有任何秘密可以隐藏——你必须直面自我，挑战自尊。

之后，弗洛伊德的装束与言行举止就成为精神分析心理学家的标准形象，很多人为他英俊深沉的外在形象所倾倒。

其次，弗洛伊德的影响力百年不衰，是因为他的思想魅力。思想魅力是一个人可以拥有的最稳固可靠的东西。

我也和大家一样喜欢弗洛伊德，不是因为他是人格心理学的鼻祖，而是因为在他深邃的目光后，爆发出许多震撼人心、具有穿透力的思想。他执着于解释梦境，强调童年经历、性驱力，在人格心理学，乃至心理学史上都留下了众多思想宝藏。

思想犀利的弗洛伊德总会提出一些爆炸性的观点，让人们惊讶并且争论不休。他的理论出现在许多畅销书、杂志和报纸里，有一种让人摆脱不了的力量。

他最具争议和影响力的理论是性心理理论。性体验是让人难以启齿的心理现象，年轻的弗洛伊德却大胆地研究了它。他用性本能来解读心理现象，他认为婴儿吸吮母乳时的愉悦感就是生理满足，是缓解紧张的本能动力，性驱力不仅具有生理意义，还是创造力的源泉。弗洛伊德的性心理理论,贯穿于他的人格理论体系中,也贯穿了他的一生,但这是受质疑和攻击最多的理论,也让弗洛伊德受到了很多误解,实际上弗洛伊德却有性洁癖。面对一个个追随者的理论背叛和另立学说,弗洛伊德开始反思自己。所以,他后期的理论由生物的性转向了社会的爱,他认为人类不仅具有满足自己生理需求的性本能,同时也具有社会功能,这是指向他人的爱。他说,一个具备成熟人格的人不会被生理性本能所控制,他们能够设身处地地换位思考,会对社会和他人无私奉献。在弗洛伊德的爱情生活中,他并没有把性放在第一位,他选中妻子玛莎,不仅是因为她的美貌,更重要的是玛莎内心善良,能理解他。弗洛伊德与玛莎恋爱长达4年多,其中两人分隔两地的时间有3年。这是弗洛伊德狂热的浪漫阶段,他们每天互相写1~3封信,每封信有4~22页,共计900多封情书。但是,弗洛伊德结婚时还是处男,他与玛莎一起生活了53年,生了三男三女,家庭和睦。

在弗洛伊德充满创造灵感的理论星空中,冰山理论是他最具有特色的成就之一。弗洛伊德把人的心灵比喻为一座冰山,浮出水面的是很小的一部分,代表人们可以觉察到的意识,而埋藏在水面之下的大部分,则是人们觉察不到的潜意识，或者叫无意识。他认为人的言行举止，只有少部分是受意识控制的，其他大部分是由潜意识所主宰的，而且是主动的、自然而然的运作过程，人是觉察不到的。口误、习惯性动作、眼神都会泄露出潜意识的信息。弗洛伊德通过催眠、释梦和联想等方法来了解潜意识里隐藏的秘密，他的《释梦》（又译《梦的解析》）一书就是解读人类潜意识的密码。

冰山理论是他解读神秘心理现象的智慧宝典。我每次研读弗氏理论时，总会感觉到弗洛伊德其人就像一座冰山一样，我们只看到了他浮出水面的冰山一角，所以神秘与深奥是对弗洛伊德和他的理论最多的描述。

除了关于意识、潜意识的"冰山理论"，你还应该了解的弗洛伊德经典概念：

▶ 一个驱力：性驱力，又称力比多（Libido）、生命的能量。

▶ 两个本能：生本能、死本能。

▶ 两种情结：恋母情结（俄狄浦斯情结）、恋父情结（厄勒克特拉情结）。

▶ 三个"我"：本我（id）、自我（ego）、超我（superego）。

▶ 八种防御机制：否认（denial）、转移（displacement）、

> 压抑 / 抑制（repression/suppression）、投射（projection）、退行（regression）、反向（reaction formation）、合理化（rationalization）、升华（sublimation）。

同时，弗洛伊德也是一位非常有争议的伟人，让人又爱又恨。弗洛伊德是医学博士，受训成为医师，他的主要研究对象就是他的病人。这无疑让他的研究结果遭到很大质疑：通过梦境、对话这种个案形式的研究方法得出的临床患者的心理特征，能否推广至正常人群？"不科学"成为反弗洛伊德者的主要批判点。但是，弗洛伊德的反驳是，他就是要从异常问题入手来研究人格，为正常人发展提供借鉴。

人格心理学有很多流派，其中一个最明显的特征是：各个流派都是以反弗洛伊德起家的——人们由开始的追捧，到后来的反对。比如，弗洛伊德的追随者荣格和阿尔弗雷德·阿德勒（Alfred Adler）曾是他的"铁粉"、热衷的理论追随者，最后却因为在性心理理论上的分歧，与弗洛伊德分道扬镳。之后，荣格创建了分析心理学理论，阿德勒提出了个体心理学理论。对此，人本主义流派的马斯洛曾说："弗洛伊德提供了心理病态的一半，我们必须补上健康的另一半。"

因此，从另一个角度来分析，弗洛伊德的伟大之处在于，他的思想启迪性很强，不仅点燃了自己，更照亮了别人。弗洛伊德一生为精神分析理论与治疗技术做出的贡献以及他建立的人格心理学知识框架，让精神分析流派始终绽放着耀眼光芒，后来形成了弗洛伊德主义。不论反对者的呼声多高，它百年来始终屹立不倒，并发展出很多分支：经典弗洛伊德主义、新弗洛伊德主义和后弗洛伊德主义。更让人惊异的是，其中一个分支是弗洛伊德－马克思主义，学者们将两种不同领域的思想融合起来，为社会发展中的人提供问题解答。

弗洛伊德是一位可以让全世界的人铭记百年的心理学伟人。作为20世纪最有影响力、最有争议的心理学家，他是继哥白尼、达尔文之后第三个对人类思想界产生冲击力的科学家，与爱因斯坦、马克思并称为影响世界历史的三位犹太人。在1915~1938年的20多年间，他11次被提名诺贝尔生理学或医学奖，但最终失之交臂。

最后，我们来谈谈人格心理学与弗洛伊德的关系及其价值所在。

富有魅力的弗洛伊德创建了心理学领域中最具魅力的人格心理学。人格心理学的学科魅力主要体现在三个方面：

人格心理学魅力之一是它被视为人生哲学，是关于如何建构人生的学科，它解答了很多人生问题，提出了很多指引人生的观点。

人格心理学的魅力之二是它探索了人最神秘、最深奥、最复杂的心理现象。弗洛伊德的**性心理**是他的理论特色，但不是他的理论精华。他最让人信服的思想是"**意识层次说**"和"**三我说**"。特别是潜意识观点，将心理学对人的探索更加深入化，如同探入深海之下的冰山之底；"三我说"则是从生物我、现实我和道德我三个层次来分析人。

弗洛伊德的理论厚重感也是令人叹服的，之所以将他称为人格心理学的鼻祖，是因为他建构的人格心理学的学术框架，至今都无人突破和超越。这也就是人格心理学的魅力之三：人格理论建构的完整与丰富性，提供了人们分析自我、理解他人的框架。弗洛伊德作为人格理论的创始者，将人格理论框架进行了初始的建构。这个框架描述了**人性特征、人格结构、人格动力、人格发展、人格成因、人格改变、人格测评、人格变态**等主题，这些都是我们分析人的不同视角。

他的理论体系非常完整，内容也很丰富，堪称心理学之最。人格心理学的后继者都是在这个理论框架中不断地丰富人格理论的内涵。

——拓展材料——

推荐影片：

《爱德华大夫》

一部经典的心理片，故事情节处处蕴含着弗洛伊德精神分析的原理，特别是心理医生用释梦成功地进入"爱德华大夫"的心理世界。

《弗洛伊德》

电影叙述了弗洛伊德对潜意识的初期研究，阐述了俄狄浦斯情结。电影展现出精神分析发展初期的状态，以及弗洛伊德求学、思考、怀疑自己直至寻找到精神分析道路的历程。

推荐图书：

1. [奥]西格蒙德·弗洛伊德著：《性学三论》。
2. [法]卡特琳·梅耶尔著：《弗洛伊德批判——精神分析黑皮书》。

第 2 讲

内在我与外在我的角力
人生舞台上的演员

> 世界是个舞台，男男女女都不过是个演员。

人格一词并不是心理学的专有名词，不同领域对人格有不同的理解，人格的含义也千差万别。在心理学中，人格是如何界定的？"人格"这个概念又是如何发展而来的？它有什么特征，具有怎样的价值？这些价值又是如何产生的？

"人格"源于古希腊的"面具"一词，它背后有一个故事：古希腊有一位著名的演员因为脸部有缺陷，就用面具遮掩着来演戏，之后人们慢慢接受了这种表达方式。最初，古希腊和古罗马的演员通过戴面具来强调他们所扮演的角色是和自己有区别的。后来，舞台上的演员表现的行为要与他们所扮演的角色相称，面具规定或者限制演员的言语和行为的表达，演员依据角色的脸谱来表现人物的性格和身份。

到了莎士比亚时代，面具几乎消失，演员通过表演各种角色性格来展现演技。而这种表现方式就更接近于现实生活中的人了。人格由此进入了心理学领域。

我们今天所用的"人格"的概念，是在18世纪才出现的。相比"面具"这个比喻，它的内涵已经有了扩展，我们现在所谈论的人格主要有内外两种特征。人格既有像面具一样的**外在行为表现**特征，也有面具背后的**内在真实自我**特征。就像张国荣一样，在镜头前，他把一个个鲜活的形象展现在观众面前，但是在生活中，他忍受着抑郁症的心理折磨。

所以，心理学上的人格包含了两层含义，一个是"外在我"，一个是"内在我"。

"外在我"，就是人格的外在表现，指的是一个人在一生中表现出来的种种言行，是人们遵从社会文化习俗的要求而做出的反应，也是展现出来的公众形象。"外在我"就是人格所具有的"外壳",就像演员在舞台上根据角色要求所戴的面具,它能表现出一个人外显的人格品质。

而"内在我",指的是人格的内在特征,是一个人由于某种原因不愿展现出来的内隐人格成分,也就是面具后的真实自我。

人格的这两种特征发挥了不同的作用,既会使人"表里如一",也会使人"表里不一"。

《水浒传》中的李逵和《三国演义》中的张飞忠心耿耿、心直口快,口无遮拦,毫无掩饰,这说明了人格的表里如一。而成语故事《天诛地灭》则说明了表里不一。从前,有一个县令,他第一天上任,为了表明自己的公正廉明,写下了这样一副对联:上联是"得一文天诛地灭",下联是"徇一情男盗女娼"。对联挂在衙门口,得到了百姓的赞扬。可谁知,之后他不仅纵容恶霸,还欺压百姓,搜刮民脂民膏,民不聊生,百姓对之恨之入骨。这就是典型的表里不一。

我们前面所说的"人格",是从我们日常生活的角度概括出的描述性概念,包含一个人隐藏的内在真实自我和展露出来的外在行为表现。从心理学科的角度,心理学家则会运用另一种学术话语风格定义人格：

人格是在遗传与环境的交互作用下，个体所具有的典型而独特的稳定心理品质组合系统。

这个概念表达了四个要点：

第一，人格是先天、后天的合金。遗传为先天，环境为后天，而人格则是二者共同作用下的产物，缺一不可。

第二，人格体现了个体的差异性。人心不同，各如其面。每个人都有其独特的心理特征，拥有独一无二的遗传基因，每个人的人格也不尽相同，并且这种不同是确证、必然、普遍存在的。

第三，人格具有稳定性。江山易改，禀性难移。人格有遗传携带的特质，一般不可改变；人格还包含后天形成的性格，一旦形成难于改变。

第四，人格是一个整合系统，由多种心理品质组合而成。仅仅由某个人单方面的表现来判断他是一个怎样的人，是片面的。完整地认识他人，或者认识自己，则需要探究丰富而全面的人格品质组合。

在描述人格时，我们常常用到一个词组——人格魅力。每个人在公众场所中都希望自带光环，充满人格魅力。想要拥有人格魅力，要先理解什么是人格魅力。

首先，魅力包含了两层含义：一个是吸引；另一个是力量。人格也有两个层次，外在我和内在我。这二者相互对应：外在我的吸引力和内在我的力量感。

那么，人格魅力来自哪里？以下内容会从外在我的外部吸引力、内在我的人格力量，以及内外的和谐度这三个方面来给大家解释。

第一，外在我的外部吸引力。这是一种社会化的表达，体现在符合社会规范的高雅且适宜的言行举止与行为规范上。比如说我们身边的人表现出了见义勇为、乐于助人、与人为善等行为，这些积极向上的行为范式使他们更具有人格吸引力，为人所称道；尤其是符合社会规范的榜样，他们不仅会对别人产生一种积极的引导作用，还会给人一种崇高感。

第二，内在我的人格力量。这是一种自内而外表达出的美德：真实、清澈、心地干净，给别人一种不设防、易亲近的舒适感；有正气、自律、积极、进取、坚韧，给人一种力量感，是一种由内而外的对人生、对命运的控制力。这也是人格魅力的来源。

第三，人格魅力来自于内外我的和谐度。一般来说，内在我和外在我不是分离的，外在我是内在我的一种表达和展示，"表里如一"常常被视为心理健康的指标之一。

> **人格具有四种本质特征**，包括独特性、统合性、功能性、稳定性。其中，统合性是指，人格是由多种成分构成的系统，受自我意识的调控，人格的统合性是心理健康的重要指标。当一个人的人格结构在各方面和谐统一时，人格就是健康的，否则可能会出现适应困难，甚至人格分裂。

但内外我的和谐度并不等同于"表里如一"。内外有别就是不健康的吗？不一定，它也会被视为社会化程度高的指标之一。**社会化**是一个人学习同时扮演社会中不同角色的过程，也是一个人有效融入社会的能力。社会化程度高的人能与社会和睦相处，快速适应社会，融入集体，与他人建立良好关系。他们能够通过掩饰内心来有效地保护自己；善意的谎言也能避开伤害，是对他人的一种良性保护。

> **社会化（socialization）** 是指，个体在特定的社会文化环境中，学习和掌握知识、技能、语言、规范、价值观等，适应社会并积极作用于社会、创造新文化

> 的过程。它是人和社会相互作用的结果。通过社会化，个体学习社会中的标准、规范、价值和所期望的行为。个体的社会化是一种持续终身的经验。

例如，在电视连续剧《风筝》中，郑耀先和韩冰这两个角色就体现了人格的内外有别、表里不一。郑耀先的外在身份是军统特务，隐蔽身份是中共特工，而韩冰刚好相反，他们二人都是以自己外在身份作为掩护，隐藏了他们内在的真实身份，从而能够在复杂的环境中求生。

那么，有些人会疑惑，为什么内在我与外在我的分离和统一都是和谐的呢？这是一个复杂的问题，具有心理健康意义的"内外一致"体现出人格的自我融合性或统一性，而具有社会化意义的"内外有别"体现了对环境要求的适应性。**当我们意识到自己在多个社交场合有不同的表现时，并不代表自己分裂。恰恰相反，能够意识到自己应在何时显露真我、何时掩藏锋芒，就是拥有和谐统一的人格。**这一点在之后的内容中我也会给大家做进一步的介绍。

人格一词来源于生活，我们用面具来理解人格的含义，它具有内、外两种特征。每个人的人生舞台不同，也就是说我们的成长与发展的环境不同，扮演的社会角色也不同，但是我们可以从人格内外的吸引力、力量与和谐度上，真实、有效、正向地塑造自己、完善自我，彰显出自己的人格魅力。

最后，让我们回味一句莎士比亚的话：

人生如戏，生命是舞台，每个人都扮演着自己的角色，且让每个人都好好走过有意义的一生。

——拓展材料——

推荐影片：

《罗生门》

"真相只得一个，为了美化自己的道德，减轻自己的罪恶，掩饰自己的过失，人人都开始叙述一个美化自己的故事版本。"

《非常教师》（*Dangerous Minds*，又译《危险游戏》）

刚来到学校的露安老师遇到了一群不守规矩的问题学生，在与学生几轮过招后，露安老师发现这些表面上桀骜不驯的学生，其内心却有着向善的火种。最后，露安用真情与爱心唤回了这群迷途羔羊。

第 3 讲

成为主宰自己命运的英雄
人格决定命运

一个人的性格就是他的命运。

"一个人的性格就是他的命运。"这是古希腊哲人赫拉克利特的经典之句,这句话道出的是人格的功能性。人格是一个人生活成败、喜怒哀乐的根源,决定了一个人的生活方式,甚至会决定一个人的命运。

围绕这个主题,我们从三个方面来谈人格对人生命运的作用:第一是人格对命运具有决定力;第二是自我对人格具有控制力;第三是人格对未来具有预测力。

人格对命运的第一个作用是人格具有决定力。

我先给大家讲述一段历史故事：

辅助刘邦夺取天下的有两个主要功臣：张良和韩信，两人一文一武。但是两位功臣的命运却截然不同。刘邦称帝后，变得多疑猜忌，连续追杀功臣。刘邦的军事功臣韩信自恃功高，盛气凌人，欲分天下，结果被刘邦满门抄斩。而刘邦的谋臣张良则审时度势，激流勇退，不贪恋权位，拒绝高官厚禄，明哲保身，隐退江湖，飘然出世，逍遥自在地度过了一生。

张良深知"狡兔死，走狗烹；飞鸟尽，良弓藏；敌国破，谋臣亡"的结局。也就是说，兔子死了，狗就可以烧着吃了；鸟打完了，弓就没用了；敌国攻破了，功臣杀了也无妨。

为何英雄的命运如此不同？**因为人格不同，他们对环境的认知以及对人生的自我认知不同，导致路径选择不同，最终导致命运不同。**韩信个性张狂、居功自傲，过于自信，低估风险，导致丧命。而张良，谋略过人，审时度势，淡泊名利，平和沉稳，遁世逍遥。这就是张良的人生智慧。有时我们无法控制环境，但可以选择环境。识时务者为俊杰。

综上，人格对命运的第一个作用是人格对命运具有决定力。但是,我们如何控制人格?

人格对命运的第二个作用是自我对人格具有控制力。

我们不主张宿命论,因为命运掌控在自己的手中。**人格的功能性体现的是自我控制力**,自我不是自私,自我是人格中的核心要素,是人格的统帅机构。在人格与环境的交互作用中,谁强谁就占据主导,掌握控制权。自我控制力强的人可以评估环境的良弊因素,有效地防止不良环境对人格的侵蚀与诱导,保持自己的独立人格,不为命运所控制,显示出高尚的人格傲骨;相反,自我控制力差的人会随波逐流,成为失去自我真实本源的变色龙,或逆来顺受,失去对不良环境的抵抗力,接受命运的轮回折磨。面对同样的人生磨难,有人自强不息,有人会一蹶不振。所以,人格掌控命运,自我掌控人格,你是自己命运的决定者。

人格对命运的第三个作用是人格对未来具有预测力。

前面,我们讲了张良的故事。那么,是谁给了他人生的智慧,让他在生死关口做出了恰当的人生选择呢?

是黄石公的《素书》。黄石公为什么要把书传给张良?因为《素书》上有一秘诫这样写道:"不许传于不道、不神、不圣、不贤之人;若非其人,必受其殃;得人不传,亦受其殃。"

黄石公为什么会认为张良是良才，是贤人，是可造之材呢？因为黄石公识人运用的是人格的预测力，他考察的是张良的人格。

张良刺杀秦王未遂，逃到下邳。一天，张良在桥头，遇到一位穿着粗布短袍的老者，老人走到张良身边，把鞋扔下桥，然后傲慢地让张良去捡鞋，张良心中不解又不快，但是还是替老人把鞋取了上来。随后，老人又跷起脚来，命令张良把鞋给他穿上。张良又小心翼翼地帮老人穿好鞋。老人不但没有表示感谢，反而仰面长笑而去。张良对老人奇怪的行为疑惑不解，呆呆站立良久，只见那位老者走了很远后，又返回桥上，对张良说："孺子可教。"他约张良在五日后的凌晨再到桥头相会。五天后，张良一早赶到桥上。谁知老人已经提前来到桥上，等在桥头，见张良来到，斥责道："与老人约，为何误时？五日后再来！"说罢离去。结果第二次张良自认为起得很早了，但还是再次晚老人一步。第三次，张良索性半夜就到桥上等候。在经历了这三次考验后，张良至诚和隐忍的精神感动了老者，于是老人送给他一本书，说："读此书则可为王者师，十年后天下大乱，你可用此书兴邦立国；十三年后再来见我。"说完就扬长而去。这位老人就是黄石公。

黄石公赠送给张良的书是《素书》，张良秉烛细读，爱不释手。他品悟其中道理，并帮助刘邦夺得天下。《素书》使张良"明于盛衰之道，通乎成败之数，审乎治乱之势，达乎去就之理"。

黄石公三试张良，考察的是张良人格中的德行，他发现张良有耐心、有胸怀、有气度，具有心诚、勤奋的品格，因此预测张良可以很好地使用《素书》，服务世间。然而，张良遵照《素书》秘诫，却没有找到合适的下家。只得在死后把《素书》随葬墓中。五百年之后，这本书被盗墓者发现，从此《素书》才开始流传于世间。

为什么人格具有预测效应？**因为人格具有跨时空的稳定性和一致性。**在时间变化维度上人格具有稳定性，俗话说的"三岁看大，七岁看老"就是在说人格的稳定性，所以黄石公可以通过考察当时的张良来判断他在未来也是如此。在情境变化的维度上，人格具有一致性，黄石公通过扔鞋、穿鞋、等人的不同情境就可以预测张良在治国理政情境中的作为。黄石公的预测是准确的。

其实,《素书》的秘诫也说明了一个道理,即知识的运用也具有伦理要求,知识掌握在谁手中,被如何使用,决定了知识的性质。知识是否能造福于人类、引导个体把握人生,取决于知识运用者的人格品质是否积极向善。心理学也同样具有这个功能,善人善用,恶人恶用。人性善恶决定了知识的不同功效。因此,学习心理学知识的目的,不是将知识转化为"厚黑学"为私利服务,阴谋算计,祸害人间。做人要厚而不黑,保持善良本性。

——拓展材料——

推荐影片:

《血战钢锯岭》

故事改编自上等兵、军医戴斯蒙德·道斯在第二次世界大战中的真实经历。在信仰和信念的支持下,戴斯蒙德仅凭一己之力拯救了数十条濒死的生命。在人格与环境的交互作用中,谁强谁就占据主导,掌握控制权,成为主宰自己命运的英雄。

第4讲

阳光下必有阴影

人格暗影与暗黑人格

不要让黑暗挡住了你的光芒。

心理学知识具有伦理特征，即善人善用，恶人恶用。而善用与恶用取决于一个人的人性观。学习心理学是为了自我完善而不是自我毁灭，是为了助人而不是害人，是为了社会和谐而不是扰乱社会。

看待人性善恶的问题，可以从两个方面来谈：

第一，从自我完善的角度，如何认识内心深处的人格阴影？

第二，从与他人互动的角度，如何识别暗黑人格？

认识人格阴影

"人格阴影"存在于我们自身的人格结构中。

瑞士人格心理学家荣格说:阳光下必有阴影。人在阴影下待久了,便成了阴影的一部分。

当我们大谈人格魅力时,不可忽视它的对立面——人格阴影。"人格阴影"这一观点最先是由荣格提出的。荣格曾被弗洛伊德视为其学说的接班人,弗洛伊德非常器重他并有心栽培他,但是荣格实在无法接受弗洛伊德的性心理理论,最终与弗洛伊德分道扬镳。

在与弗洛伊德分裂后的日子里,荣格深深体验到弗洛伊德人格中的两面性。弗洛伊德作为学界领袖,其学术思想与人生见解吸引着无数的追随者,但是弗洛伊德霸道、控制欲强、有威慑感与犀利的人格特质也给人压力,让人难以靠近。

1913年两人关系破裂后,荣格隐居3年,在饱受抑郁症折磨的同时,建立了自己的理论,其中关于人格阴影的论述受到学界的特别关注。

荣格认为,要想成为完整的人,我们必须了解我们的阴影。

人格阴影存在于集体潜意识层面，**集体潜意识是人类种族进化中，由集体经验沉淀下来的心灵印象，是人类普遍存在的现象。**阴影原型具有动物本性，是人性中黑暗面的集合，它代表那些我们不想面对，想要藏匿起来的负面特质。我们平时用人格面具来掩盖住人格阴影。我们每个人都有人格阴影要面对。

集体潜意识的观点是荣格提出的最著名观点之一。他认为，集体潜意识是人类在种族进化中，根据集体经验而沉淀形成的心灵印象，是人类心灵中共同的精神遗传。它包含了生物学意义上的遗传，也包含了文化历史上的文明沉淀。**例如，丛林生活经验导致现代人怕蛇。**集体潜意识以"原型"的形式存在，例如人格面具、阴影、阿尼玛（男性的阴柔）与阿尼姆斯（女性的阳刚）。

原型在现代生活中出现的方式极其多样。例如，许多流行的心理测试中就应用了原型的概念，将人们的集体潜意识符号化为动物，以此解释人类理解世界、认识自己与他人的方法。广告中也常用原型作为企业形象的设计元素，例如英雄的原型、母亲的原型等。

在文学中也可觅见人格阴影原型的踪影。我们可以发

现，很多文学作品和动画片中的恶人形象，往往是蛇这种动物所演变的（例如《西游记》中的白骨精、《葫芦娃》中的蛇精）。一些文学作品中也会用"蛇蝎心肠"四字来形容一个阴险狠毒的人。

荣格指出，**那些不了解自己阴影的人可能会在阴影的影响下过上悲剧性的生活，一再地倒霉、失败和气馁**。隐藏于黑暗处的人格阴影常常让我们看不见，只有在阳光下我们才能看到阴影。勇敢地面对自己的不良人格，是自我完善的重要一步，所以荣格说"拒绝阴影是一个错误"。这句话用比喻来说就是，阴影的存在使人更加立体，不论是在绘画素描还是在优秀文学作品中，对人物、事物形象的"阴影"进行细节刻画都是至关重要的。可以说，阴影原型是人类进化过程中的劣势一面，了解阴影也是认识自我的关键。当我们知道了自己的人格偏差，就能够防止脱轨行为。因此，了解自己的阴影是人格管理的首要步骤，也是一个人声誉管理的主要环节，可防止我们出现"一失足成千古恨"的结局。

荣格还有一个更深入的观点，"理解自身的阴暗，是面对他人阴暗面的最好方法"。我们在与他人交往时如何识别具有邪恶人格的人？暗黑人格是一种鉴别指标。

识别暗黑人格

人性善恶更多体现在人际交往中,即一个人是与人为善、助人为乐,还是欺骗利用他人、落井下石?善恶特征体现在具有道德评价的人格特征上。善恶品质的形成受内外因素的影响,"人之初,性本善"或"性本恶",以及"近朱者赤,近墨者黑",都说明了这一点。

俗话说:"害人之心不可有,防人之心不可无。"我们要做好自己,还要防范恶人的侵害,以免祸及自己。

暗黑人格又称人格黑三角,由**马基雅维利主义、自恋和精神病态**三个要素构成暗黑人格的三联征。

第一个特征是马基雅维利主义。它说的是权谋主义,具有这种特征的人会看重权力,擅长操控,阴谋算计,冷酷无情,自私功利,信奉实用主义,忽视道德,不择手段。这种人还擅长心理攻击,对别人进行道德批判,对自己的反道德行为却采取许可态度。他们为了个人私利,把别人视为工具,不择手段地获取结果后,会过河拆桥,置别人于痛苦而不顾,内心充满邪恶快感,别人痛苦之时就是他快乐之际,做事无道德底线。

第二个特征是自恋。这类人的自恋有别于临床上的病态自恋，主要表现为以自我为中心，爱慕虚荣，张扬吹嘘，傲慢无礼，自以为是。这类人在社交场合中，派头十足，优越感强，能言善辩，喜欢夸大其词，贬低他人，炫耀自己。同时他们也注重装束与仪表，甚至表现得温文尔雅，在大型公共活动场面上极具煽动性，魅力十足。

第三个特征是精神病态。这不是精神病。这类人无责任感，行为冲动，寻求刺激，胆大妄为，我行我素，心狠手辣，冷漠残忍，强势压人。他们在与人出现冲突时，会失去理智，不顾忌对方感受，做出伤害性行为，不计后果，事后无焦虑、无恐惧感，为所欲为。

这三种特征每个单看起来都是令人厌恶的，如果三个合起来会给人坏上加坏的印象，希特勒就是三者俱全的典型，美国政治剧《纸牌屋》中的主人公弗兰克也具备典型的人格黑三角。

你可能认为如此坏的人应该很容易被识别出来，但并非如此。暗黑人格虽然坏，但是不易被识别，具有极强的隐蔽性。在面具掩盖下的阴影，就像坏了心的红苹果，表面光鲜，内心丑陋。

暗黑人格的人际隐蔽性主要表现为具有"装好"的倾向。他们擅长包装自己，用欺骗的手段获取利益，强大自己。他们常常以好人的身份干坏事，他们做坏事时会展现出一个好目的，打着为别人好、为公司好的幌子，引人入套，获取私利。一旦被识破，他们会先下手为强，让其他人不再相信你所说的话，以保护他们自己。常见的情况是你惩治不了他们，反而被他们黑了。

暗黑人格虽然识别困难，但是并非无法识别。有三种方法帮助我们来鉴别他们。

第一种方法是长时间的人际交往。俗话说："日久知人心。"人不可能长时间地掩饰自己，随着人际互动加深，其缺陷就会逐渐显露出来，最终会露出破绽。所以，了解一个人需要长时间的交往和深度沟通。

第二种方法是启动利益因素。暗黑人格的人极度看重利益，在利益面前他们不会相让，而会不顾他人地出手争夺，露出原形。

第三种方法是透过现象看本质。自恋者会努力维护尊严，马基雅维利主义者擅于印象整饰，具有精神病态的人也会掩饰自己的真实目的，他们都会给人留下良好的第一印象。我们在与人交往时,不要被第一印象所控制,应该察言观色,通过微表情来判断其内心真实痕迹的流露。

为什么在现实社会中会有暗黑人格的生存环境呢?现代社会变化节奏快,导致人际交往周期变短,使得这类人可以在短时间内施加影响力。在初步交往中,他们时常给人留下"有能力、有魅力、好交际"的良好印象,甚至会使用虚假信息来提升自己的实力,因此可以在别人短时间内无法识别其信息真假时,从环境中快速获取更多的资源与机会,因而更容易成功,进而获得高地位或高控制权。

人性善恶有时会交织在一起,即使是最黑暗的人格也有闪光之处。具有暗黑人格的人也具有另一面的闪光点,他们可能是职场中的高业绩者、竞争的优胜者、强势的领导者、和稀泥的得利者,等等。特别是马基雅维利主义者和自恋者的联合体,他们往往也是环境的顺应者。有效地因势利导,也会让恶能量发挥好效能,例如以毒攻毒。

针对人格黑三角,2019年积极心理学家斯科特·巴里·考夫曼(Scott Barry Kaufman)等人又提出了光明人格三角(light triad,见图4-1),强调人具有至高无上的道德尊严,人不是被利用的工具,要坚信人性本善。

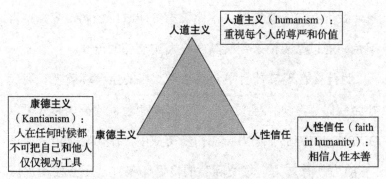

图 4-1　光明人格三角

综上，识别善恶人格是全面了解自我与他人的人生必经路径，它能够帮助我们在纷乱的世界里看清自己，判断他人。

——拓展材料——

推荐电视剧：
《纸牌屋》

推荐影片：
《实验者》

本片根据一个直面人性的心理学实验改编，证明了我们大多数人都可能无意识地变成杀手。

| 第二部分 |

因为不同，所以可爱

解读人格的多样性。如何描述你与他人迥异的人格？
"抓住一个人的典型人格，就等于抓住了一个人的命脉。"

第 5 讲

人心不同，各如其面
人格差异性

世界上没有完全相同的两个人。

人们往往在人格上表现出最细微且多样的心理差异，人格的差异性常用"人心不同，各如其面"来形容，人与人之间没有完全相同的人格，就像人的面孔一样，世界上没有面孔完全相同的两个人，即使是同卵双生子也是如此。

大家都很熟悉的《红楼梦》是集数百名人物于一书的古典名著。曹雪芹在书中一共描写了四百多个人物，每个人物各具风采。其中宝玉和金陵十二钗等人物的性格各个光彩照人。我们可以在书中看到,黛玉的忧郁与聪慧,宝玉的多情与反叛,宝钗的自制与圆滑,凤姐的泼辣与奸诈,袭人的奴性与忠诚,晴雯的抗争与刁蛮……这些大大小小的人物被描写得有血有肉,显示出人格的"千姿百态"。

在现实生活中,我们也能在周围人身上看到各色各样的人格。有的人热情奔放,有的人冷淡孤傲;有的人聪慧敏捷,有的人反应迟缓;有的人顽强果敢,有的人优柔寡断;有的人善良助人,有的人恃强凌弱。

从上面的例子中,我们看到,无论是在小说戏剧里,还是在现实生活中,处处都存在着各具特色的人格。

人格差异的表现:心理风格

心理风格是一种**人格差异的表现形式**。它体现了每个人的心理偏好特征,换句话说就是**人们认识世界和理解世界特定方式的差异性,也是人们习惯性的反应倾向**。心理风格就如同一种底色,如果说绘制一幅图画会受底色的影响,那么不同的人使用相同的颜料在不同底色的画板上画出的画,风格就是不同的。

心理风格包含知、情、意三种成分,分别代表**认知风**

格、情绪风格和行为风格，这三种风格就像是色光的三个维度——色调、饱和度和亮度，三者不同的组合会产生出成千上万种颜色。

例如，在**认知风格**中，有古典主义与浪漫主义之分，这是研究者在对艺术家和科学家所做的经验性研究中提出的两种风格。

具有古典主义风格的人在工作中追求秩序、完美和高度控制感，如同达·芬奇等人在西方古典油画中表现出的写实逼真的风格；具有浪漫主义风格的人则有着大量而丰富的想法，这些观念新颖又生动，常常以不太受控制的方式表达出来，如同毕加索、凡·高等现代画派画家的奔放、发散、解离的风格。

认知风格还包括客观主义与主观主义、聚合思维与发散思维、逻辑严密性与富于幻想性、分析型与整合型、冲动型和沉稳型、场独立性与场依存性等。

心理风格除了认知风格，还有**情绪风格**，其中包括超然主义与移情主义。

具有超然主义风格的人对情绪表达具有高度的控制力，他们会压抑自己的情绪表达，让情绪与理智分离，比如理性的哲学家、律师等，他们不易被情绪所左右；具有移情主义风格的人则很难控制自己的情绪，他们乐于经历各种情绪体验，喜欢将它们表达出来，比如诗人、演员等。

在**行为风格**中，有父权主义与母权主义的划分。父权主义风格是指独断专横、果敢、控制的倾向，例如秦始皇等男性统治者表现出的特点；母权主义风格则指温柔、利他、优柔寡断和内向的倾向，例如特蕾莎修女等人表现出的特点。

一个人要完善自我，就需要了解自己的心理风格，同时，还要了解心理风格的基本特性。

心理风格的特性

心理风格的第一个特性表现在认知过程的差异上。

我们所有人都是通过感知、记忆、思维来认知世界的，这些是人类共有的心理功能，但是，每个人的感知风格、记忆风格和思维风格不同，这种差异性体现的就是人格特征。例如，记忆是一种普遍的心理现象，每个人都有记忆功能，但是却表现出不同的记忆风格。比如画家擅长形象记忆，数学家擅长数字记忆，作家擅长语义逻辑记忆，演员则擅长情绪记忆，在不同人身上体现了记忆的差异性。

心理风格的第二个特性是无好坏之分。

它体现了中性价值的特点，它反映的是个体所偏好的心理反应模式，没有好坏之分。例如，分析型与整体型认知风格是一个维度的两级，各有千秋。分析型风格的人注重细节，忽视全局，表现为"只见树木不见森林"；相反，整体型风格的人注重总体而忽视细节，表现为"只见森林不见树木"。

我们无法简单地说分析型风格与整体型风格孰好孰坏，两者各有利弊。当某一种认知风格与环境特征或工作要求相匹配时就能发挥出优势，相反，不匹配时就会凸显其劣势。例如，会计工作需要细致入微，分析型风格的人就比较适合这一工作。这也是我们常常在人才选拔中所考虑的"人职匹配性"。但是，并非每个人都表现出此强彼弱的特点，有些人会表现出分析型与整体型风格都强的特点，这类人能够承担起需要复杂思维的工作。

心理风格虽无好坏之分，但是有优势与劣势之分。我们每个人都要知道不同心理风格的优势与劣势，这样才能扬长避短。因为，一个人常会在自己的弱势中出现失误。举例来说，一个具有整体型认知风格的人，他的认知弱势会出现在他处理细节的环节中,他的粗线条的思维方式,会漏掉细节,甚至导致全盘皆输。所以,一个人要对自己的劣势多加关注,防患于未然。

同样,我们再用冲动型和沉稳型认知风格为例。具有冲动型认知风格的小学生在课堂上常常"还没有思考出答案就举手发言",这种学生的特点是看重反应速度,而不关注准确率;沉稳型认知风格的学生,则更看重准确率,而不是反应速度,他们只有在心中有数、确认答案准确无误的时候才会举手回答问题。大概有三分之一的低龄的小学生都会有这种冲动性的表现,但是随着年龄的增长会有所改善,所以,对于冲动型的学生来说,要防止他们过快地反应,训练他们思维的准确性,控制他们在行为上的急于启动的特点。

接纳人格的差异性

我们要坦然接受人格的差异性。俗话说:"人比人气死人。"既然人与人之间的差异是一种必然的现象,我们就要坦然处之。如果以己之短搏人之长就会让人气馁,以自己的长处去和他人的短板相比又会让人自傲。对兔子而言,龟兔赛跑的结局就是过度放大差异所带来的失败。因此，以正确的态度准确评估差异，才能防止出现不必要的失误。

人格差异是一种普遍现象，正如德国哲学家莱布尼茨（Leibniz）的名言"世界上没有两片相同的叶子"一样，每个人都有着自己独特的心理风格，透过风格我们可以了解到人与人之间的心理差异。认知风格、情绪风格和行为风格共同构成了人格的差异系统。三种心理风格的相互交错，构成了每个人绚烂多彩的人生画卷。大千世界，"各美其美，美人之美，美美与共，天下大同"。对于人格差异，我们要知优劣，懂彼此。知己知彼才能百战百胜。

——拓展材料——

推荐电视剧：

《欢乐颂》

讲述居住在欢乐颂小区的五个性格各异又相亲相爱的女孩，以及她们身上所发生的一连串有关友情、爱情、亲情、职场和理想的故事。独立出众的职场精英安迪、精灵古怪的富二代曲筱绡、要强好胜的"胡同公主"樊胜美、懵懂纯真的社会小白邱莹莹、温顺友善的乖乖女关雎尔，五个女孩成长背景不同，性格鲜明，也与性格迥异的男生们擦出了不同的火花，互相帮助，共同成长。

第 6 讲
世上独一无二的你
人格典型性

独步天下，谁与为偶。

人格的典型性是什么？它与差异性有何不同呢？典型性体现的是人格的独特性。哈姆雷特与林黛玉的人格差异显著，但是各自有他们人格的典型特征，比如，哈姆雷特的优柔寡断，林黛玉的多愁善感。

下面，我们就从**数量、结构、功能**这三个方面来看人格典型性的特征。

数量特征

人格典型性的特征首先体现在数量上。人格典型性就是人格独一无二的特点，而并不是人人都有人格的典型特征，所以，数量是0到1个。那么，什么样的人才具有典型特征呢？一些文学名著里的主人公，他们身上都具有典型特征。

比如，当说到吝啬，你头脑中就会闪现出法国作家巴尔扎克的小说《欧也妮·葛朗台》中的守财奴葛朗台；一说到鲁莽，你就会想到《水浒传》里的李逵；一说到忠诚，你可能就会想到《三国演义》中的关羽。反过来，当说到堂吉诃德，你就会概括出他是一个脱离现实的理想主义者；当说到《西游记》中的孙悟空，你就会概括出他是一个疾恶如仇的除妖者；当说到乔布斯，你就会被他富有创造力的典型人格所折服。这些人物身上的鲜活特点就是人格的典型特征，它用一句话、一个词就能概括出来。

我们可以从每本名著中找到各具风采的典型人格，作家也是用典型人格来塑造让人过目不忘的主人公的，典型人格可以让典型人物更加精彩夺目。比如，对于电影《芳华》中女主角何小萍，大家不能快速用一个词或一句话来概括出她的典型人格特征，但是对于男主角刘峰，我们就可以一下子概括出他的典型人格是仗义助人，所以他被大家称赞为"活雷锋"。此外，各个领域都会有代表人物或特殊人物，在他们身上也具有典型人格特征。比如，科技领域的卓越人物钱学森具有"远见卓识"的典型特征；经济领域的风云人物马云就具有"开拓创新"的特征。

所以，不是所有人都有典型人格。其实，更多的平凡人物没有显现出典型的人格特质。典型人格一定是让人难忘的，是非常富有特点的人才具有的。

结构特征

人格典型性还表现在结构上。美国人格心理学之父高尔顿·奥尔波特（Gordon Allport）把人格结构划分为以下三个层次。

位于最上层的是首要特质或者核心特质，就是我们刚才讲的典型人格特质，数量是0到1个。

位于第二层次的叫中心特质，也是个人的主要人格特点，是经常表现出来的人格特质，数量是5到10个，而且所有人都有中心特质。比如，林黛玉的中心特质是清高、率直、聪慧，但孤僻、内向、抑郁、敏感，这些就是林妹妹的中心特质。那薛宝钗的中心特质呢？是稳重、克制、圆滑、世故、善解人意、顾全大局、温文尔雅。每个人对黛玉和宝钗的中心特质的描述会有些不同，这是评价切入点的差别。

位于第三层次的人格叫次要特质。次要特质说的是一个人的特殊性，人在某一个特殊情境当中才可能表现出与他或她平常不一样的特点。比如说林黛玉的冷漠，她在贾府寄人篱下，"不敢多说一句话，不敢多行一步路"，这也是一种自我保护的表现。次要特质不是经常表现出来的，有时候会让人有一种出乎意料的感觉。例如，希特勒的残暴是世人皆知的，但是他对动物却有一颗仁慈之心，他饲养的一只孔雀死了，他悲伤得泪流满面。

在人格结构上，只有典型人物才具有完整的三个层次的人格特质，我们多数人只有两个层次的特质，有些人可能只显示了第二层次的人格特质。所以，典型人物也是人格最丰满、层次最多元的。

什么是人格特质

人格特质，是描述人格的元素，是人格结构的基本单位。人们在描述人格结构的差异时经常会使用一些词汇，例如：友好、善良、活泼、进取，还有懒惰、贪婪、冲动、阴险等，这些都是人格特质。美国人格心理学之父高尔顿·奥尔波特最先提出了特质理论，雷蒙德·卡特尔（Raymond Cattell）则确定了16种人格特质。卡特尔认为它们存在于每个人的人格结构中，人与人之间的人格差异只体现为每种特质的量的差异，例如在"乐群性"这一特质上，高分者喜欢交往和热闹的环境；低分者则喜欢独处与安静的环境。特质理论在描述人格差异与人格测量上具有突出的贡献。

功能特征

人格典型性在功能上的特征，具有两个主导作用。

第一是统领作用。典型的核心人格位于人格结构中的上位，对其下位的中心特质和次要特质具有统领作用。反过来，中心特质和次要特质则为首要特质服务。所以，抓住一个人的典型人格，就等于抓住了一个人的命脉。

第二是优先作用。当我们回忆起一个人，大脑会优先提取出一个人的典型人格，反过来，我们也会更容易记住具有典型人格的"特色人"。

如果一个人的典型人格是其骨架，那么他的中心特质或次要特质就是其血肉。但是，中心特质或次要特质的功能也不容忽视。

下文就用以上所讲的三种人格层次来完整分析一下希特勒这个人。㊀

希特勒的首要人格是政治野心，他为了他的政治抱负和利益，不惜发动世界大战，他曾说"政治的最终目的是战争"。他的中心人格有几个表现：第一，残暴，他杀人不眨眼，对犹太人进行灭绝性大屠杀；第二，自恋，他很注重仪表，隆鼻以体现男性权力地位特征，眼神不好但在公众场所不戴眼镜；第三，权力取向，他总是在长桌会议上与大家保持距离；第四，口才出众，他的讲演词很富有煽动性；第五，不近女色，只钟情于他的外甥女，形成畸形的爱；第六，内心脆弱，他有晕血症，通过午夜飙车的方法来缓解压力。希特勒的次要特质是对动物的怜爱。

㊀ 资料来源：亨利·穆雷. 中情局绝密档案之希特勒性格分析报告[M]. 蒋蓉，译. 北京：团结出版社，2014.

美国的心理分析专家根据希特勒的一些异常行为得出结论：希特勒患有严重的心理疾病。由此，心理学家建议：从其最薄弱的环节击垮他。希特勒在表面上虚张声势，但内心的软弱和空虚暴露无遗，他用午夜飙车来宣泄内心极大的压力，以使自己的心理不至于崩溃。针对这一点，报告中建议盟军在午夜加强对柏林的火力攻击，使希特勒无法"午夜飙车"。他的心理压力无处宣泄，精神紧张不断聚集，这样就可能导致他神经衰弱，甚至精神崩溃。报告还建议，假如盟军在1944年上半年发动大规模反击，希特勒将因为心理问题而惊慌失措，失去对他的百万大军的强有力指挥，导致他出现一系列决策失误，从而为盟军取得战争的主动权创造有利条件。整套心理策略使用了弗洛伊德的精神分析方法，通过下位人格特质的脆弱来击溃希特勒的核心人格，让其丧失政治统领作用。

以上，从数量、结构、功能上分析了人格典型性的特征。典型人格数量是0～1个，在人格结构中位于最高层次，在功能上起主导、统领和优先的作用。

有人会问："我是一个平凡的小人物，我没有显现出典型人格，我是一个毫无特色的人，我怎样可以做得更好？"

其实，典型人格也是可以培养的。现在很多年轻人所谓的"追求个性"，实际上就是在追求"典型人格特征"，让自己更加独一无二，更加富有特色。

关于典型人格的培养，首先，平凡不意味不典型，雷锋就是在平凡中显现其人格光彩的。

其次，你要找到自己喜欢的积极人格品质，持之以恒，稳定的行为习惯可以塑造人格。越积极的人格也是别人越喜欢的人格，乐观的人也会为别人带来快乐，你的人格魅力就会吸引大家接近你，让大家记住你的品质。

——**拓展材料**——

推荐影片：

《心灵捕手》

电影讲述了一个有着过人数学天赋的学校清洁工、叛逆青年，在教授和朋友的帮助下，健康地成长起来。

第7讲

转动你的人格魔方
人格的调控

人格决定命运，自我掌控人格。

人格是一个大系统，里面容纳了很多人格元素。但是，这些人格元素不是随意堆放的，而是按照一定规律排列的，并且每个人的排列规律也不相同。人格系统如同一座建筑，你就是你人格的建筑师和设计师。如何建构你的人格组合，决定了你的人格表现与功能。要想成就更好的自己，就要建构好自己的人格结构，调控好自己的人格变化。

我们先用万花筒和魔方做一个比喻。变幻莫测的万花筒，转动起来炫丽无比，虽然图案的变化会给你带来惊喜，但这是你无法控制和预测的。魔方排列有序，可以有规律地变化，构成不同的组合。二者的差异就在于无序的变幻与有序的变化。特朗普的人格就像万花筒，你无法预料他下一步会做什么。他的人格结构多变，无规律可循。而奥巴马的人格就像魔方，计划有序，有规则的变化，人格结构清晰。二者的人格组合风格不同。**万花筒人格会给人带来惊奇感，魔方人格会给人带来踏实感。**

人格决定命运，自我掌控人格。那么，如何有效地掌控人格则是人格完善的关键要素。要对人格进行有效的控制，我们就要知道自己人格结构的构成是否是最佳的匹配，这样我们才能做更好的自己。

以下是三种需要用控制力来调控的人格类型，大家可以通过"对号入座"，来了解你的人格特征，调控好你的人格。

调控 T 型人格的方向与速度

T 型人格是需要我们刻意去控制的人格，并不是所有人都具有。它是由美国心理学家弗兰克·法利（Frank Farley）在 1986 年提出的。T 型人格是一种好冒险、爱刺激、反规则、求新异的人格特征。这类人无法忍受重复、平庸与无趣。比如，探险家多具有 T 型人格。依据冒险行为的积极与消极的性质，我们又可将 T 型人格分为 T+ 型人格和 T– 型人格。极限运动员就属于 T+ 型人格，因为他们的冒险行为是朝向健康、积极、创造性和建设性的方向发展的；相反，具有酗酒、吸毒、暴力犯罪等反社会行为的人就是 T– 型人格，他们的冒险行为是破坏性的、消极的刺激性行为。

同时，法利还将 T 型人格与智力、体力进行匹配。科学家就属于智力 T+ 型人格，他们从事创造性工作，将探索精神贡献于科学事业；高智商罪犯属于智力 T– 型人格，他们将其智力和寻求刺激的特性不加控制地付诸行动，做危害他人或社会的事情。而体力 T+ 型的人喜欢挑战人类的极限，如进行赛车、攀岩、登山等各种极限运动；体力 T– 型的人会用暴力方式进行破坏性行为，如暴力犯罪、冲动型破坏行为。

T 型人格有好坏之分，所以需要控制力调控其发展方向。T 型人格的创新、探险特点本身是一种好的品质，但是 T+ 和 T– 型人格发展的方向不同，就会导致不同性质的结局。当你发现你具有这样的人格特征，或者你发现自己的孩子出现"明知山有虎，偏向虎山行"特点的时候，你就要把握两个人格调控点：一是做好方向的引导，将创新精神和充沛的体能用于对社会、对自己有积极作用的事物上去，防止出现偏差行为；二是加强自控力，T型人格的人会毫不犹豫地行动，敢作敢为，所以要使用自控力与他控力，防止冲动行为给自己或他人造成难以挽回的伤害，从而留下终身遗憾。

调控 A-B 型人格的节奏与强度

A-B 型人格属于职场人格，与压力应对有关，分为 A 型与 B 型人格。A-B 型人格与血型没有关系，简单来说，A 型人格就是快乐的工作狂，具有这类人格的人得冠心病的可能性会更高。B 型人格则与之相反，是与世无争的逍遥派。

这一对人格类型最初是由两位心血管医生发现的，他们发现得冠心病的患者有一些相似的人格特征，于是将这些人格元素组合为 A 型人格，与之相反的是 B 型人格。具有 A 型人格的人主要特点是急性子，时间紧迫感强，工作特点是又多又快又好，他们有时表现得缺乏耐性，但是上进心强，具有苦干精神，工作投入，业绩突出，做事认真负责，富有竞争意识，不安于现状。这类人的生活常处于紧张状态，压力感强，身心付出多，一旦高负荷工作超过极限后就会出现身体问题，比如在 A 型人格人群中患冠心病的人数比例是 B 型人格人群的两倍多。2014 年，浙江大学医学院附属第一医院接诊的心梗患者中，30% 是 40 岁以下年轻人，这些年轻人更多地具有 A 型人格。

B 型人格的特点正好相反，性情温和，举止稳当，心态平和，对工作和生活的满足感强，喜欢慢步调的生活节奏，安于现状，按部就班，不给自己施加压力，工作动力不足，业绩也不突出，他们属于平凡的人。

这两种人格特征无好坏之分，各有利弊，但是对身心健康有影响，其关键的调控点就在于对工作的强度与节奏的把握：A 型人格的人在努力拼搏的时候要注意调整工作节奏，不要浓缩自己的生命；B 型人格的人则要注意提高事业追求，不要安于现状，一事无成。

调控价值观的取向与重心

价值观是人生的引导器，它是对事物以及思想的重要性的评判,也是衡量是非曲直的标准或尺度,对人的决策与行为具有引领与推动作用。价值观分为三个层次:国家理想价值观、社会价值观和个体价值观。其中社会价值观是基于时代发展特征的、对群体产生巨大影响的价值观,是需要个体选择并加以调控的价值观。

美国人格心理学家奥尔波特提出每个人都有六种社会价值观,这六种价值观包括政治型、社会型、科学型、审美型、实用型与信仰型。每种价值观对一个人的作用强弱不同,每个人的价值取向也不同。秉持不同价值观的人,对6种价值观的重要性排序不同,他们会把最重要的价值观放在第一位,把最不看重的放在最后。六种价值观各有哪些特点呢?

具有政治型价值观的人关心国家与民族发展,以振兴国家为己任;追求自尊与自强,责任感强;重视领导与管理能力的培养,希望显示自己的能力与影响;关心伟人生平;勇敢顽强,喜欢奋斗与竞争。例如,政治家、领导者与管理者就具有这种核心价值观。

具有社会型价值观的人更注重关系与友爱,为人处事公平正义;关心他人,乐于助人,诚实可信;喜欢民主有效的集体，希望建立和谐的人际关系。例如，社会活动家、社会工作者。

具有科学型价值观的人重知识，爱科学；看重能力，勤于思考，追求真才实学；讲原则，不拘人情；重理轻利，理性化。例如，科学家、思想家。

具有审美型价值观的人追求艺术美感，做事尽善尽美；讲究生活、学习、工作的丰富多彩、和谐完美；以美感、对称、和谐的观点评价与体验事物。例如，艺术家、设计者。

具有实用型价值观的人看重事物的功利价值，追求实用性，讲究经济效益，追求财富积累；以是否有利于个人、集团和社会的生存与发展作为评价事物价值的标准。例如，商人。

具有信仰型价值观的人追求理想与信仰；喜欢探索人生的意义与宇宙的奥秘；注重精神生活与道德修养；凡事随缘，顺其自然；相信宗教与自然的力量。例如，宗教人士。

这六种价值观都是后天形成的，受社会环境影响大，但也是可以改变的。一个人的价值观一旦形成，就会对其人生方向与生活方式的选择起到决定性的作用。这六种价值观也常常被作为学科或者职业选择的依据。如果一个女孩子把艺术价值观排在首位，她的人生选择就会朝向与艺术相关的专业或职业；如果一个男孩子喜欢科学，他的兴趣就会偏向理工学科或从事科技活动。

价值取向的选择不仅要有利于个体发展，也要有利于社会与国家。比如，在六种价值观中，以实用型价值观为主导的人，要适度地淡泊名利，以为社会做贡献为己任，以防将私利置于公利之上，不惜损害集体与他人利益，不择手段地达成个人利益。

综上所述，人格结构就像魔方一样，你变换不同的方向，就会把人格特征组合成不同的人格模式。通过了解你的人格特征，你可以转动你的人格魔方，提升自己对人格的掌控力，建构更好的人格结构，塑造更好的自己。

——拓展材料——

推荐影片：
《妙手情真》(*Patch Adams*，1998)
《为人师表》(*Stand and Deliver*，1988)
《肖申克的救赎》

第8讲

探索你的内在人格特质

心理元素周期表

启动特质，运用人格，成就自己。

人格心理学家总是会引导我们去了解人格差异是怎样构成的，为我们建构了描述人格差异的模式。其中最为独特的理论是美国人格心理学家雷蒙德·卡特尔的人格特质理论。卡特尔本科时学的是化学，在硕士、博士阶段转学心理学，他用化学的方法解读人格结构，把化学元素周期表的方法借用到心理学，提出了非常有价值的心理元素周期表（见图8-1）。

心理元素周期表中的心理元素是特质，特质是描述人格的元素和人格的基本单元，比如我们常挂在嘴边的一些描述人格的词汇，善良、进取、自卑、焦虑，等等，都属于人格特质。

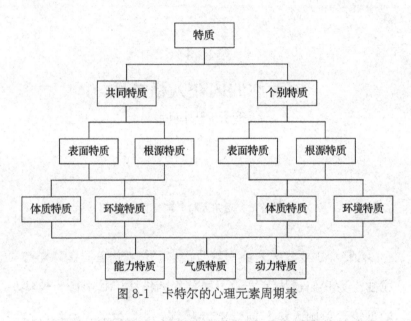

图 8-1　卡特尔的心理元素周期表

特质理论在**描述人格差异**时有一个非常重要的前提，即人格差异主要体现在量的差异上，也就是说我们每个人都具有所有的人格特质，只是强弱不同。就像"聪慧性"是每个人都具备的特质，但是有人聪明，有人愚笨，这种差异是"聪慧"这个特质在量上的差异。另外，我们可以依据特质理论来调节自己的人格，调整的原则是人格表达的程度或者展现的量。

心理元素周期表与化学元素周期表非常不同，呈金字塔状。

下面，我们给大家拆解一下**心理元素周期表**的心理密钥。它对我们完善人格有什么作用？我们该如何使用它？

共同人格特质是人们融入环境的参照系

位于心理元素周期表最上方的第一层次有两种人格特质，它们是"共同特质"与"个别特质"。**个别特质**是指某一个人所具有的独特人格特征，正如我们在前几讲所提到的，人格元素都是个人特质。在这里，我们重点谈人格的**共同特质**，因为人们是通过共同特质融入环境的。

共同特质是某一民族、某一地区、某一群体、某一社区、某一职业的成员所共有的特征，比如说中华民族是勤劳、善良的民族，勤劳善良就是中华民族的共同特质。在一个人身上既有共同特质又有个别特质。共同特质可以让我们有效地融入社会、适应文化要求，以免出现与群体的格格不入。现在，人们通过大数据研究不同的"城市人格"，即不同区域个体的共同人格特质，例如，一线城市的人更加进取创新，但是生存焦虑感强，而二、三线城市的人则表现出更强的人际和谐与生存稳定感等。了解一个区域或者一个单位的共同特质非常重要，它可以让我们迅速有效地了解与适应环境，判断自己与群体的相融程度，进而使自己与环境更加匹配，更好地发挥自己的潜力。

同时，在进行职业选择时，人们可通过了解一种职业人格，例如企业人的拼搏奋斗、科研人员的创新刻苦、服务人员的耐心周到等，考察自己是否具备相关特质，从而判断自己是否适合这个职业。这就是我们常说的认知匹配度。

根源特质是透过现象看本质的人格解读密钥

位于心理元素周期表第二个层次的特质是表面特质与根源特质，这是卡特尔最具有创新性的概念。**表面特质**就是我们之前所讲的位于面具层面的外部行为特征，是可以直接观察到的，例如，某人说话霸气十足或者有理有据。**根源特质**是位于冰山之下的看不见的人格特质，是表面特质的内在根源，换句话说，表面特质是根源特质的外部表现形式，根源特质可以让我们透过现象看本质。

例如，说话霸气十足的内在根源是"支配性"人格特质，而说话有理有据是"性情文雅"的表现形式。我们真正所说的人格特征实际上是根源特质，用来解释一个人外在言行的内在人格机制，就如同透过面具见真容。我们在诊断某个人是否具有焦虑人格时，可依据此人的几个外部表现特征来判断，例如，根据情绪消沉、易紧张忧虑、肠胃不佳、睡眠障碍等特征来初步推断他具有焦虑特质。反过来说，我们也会用"真容"推断他的"面具"。具有焦虑特质的人，当遇到比赛、演讲、考试等不同情境时，就会启动他的内在人格特质——焦虑，就可能会产生外部特征，比如口干舌燥、手脚出汗、声音颤抖、注意力不集中，等等。所以，焦虑就是一种内在的根源特质。

卡特尔总共找到了 16 种人格根源特质，并且编制了著名的人格测评工具《卡特尔 16 种人格因素量表》(Cattell's 16 Personality Factors，简称 16PF)，其中包含乐群性（A）、聪慧性（B）、稳定性（C）、恃强性（E）、兴奋性（F）、有恒性（G）、敢为性（H）、敏感性（I）、怀疑性（L）、幻想性（M）、世故性（N）、忧虑性（O）、实验性（Q1）、独立性（Q2）、自律性（Q3）和紧张性（Q4）16 种根源特质。每个人都有这 16 种根源特质，人与人的差异只体现在量的差异上。通过测试,你会得到自己在每种人格特质上的分数,并了解与其他人相比是高是低,从而成为理解自我、扬长避短、调整人格的依据。

提升遗传特质,塑造环境特质

位于心理元素周期表第三个层次的特质是体质特质和环境特质。这两个特质说明了在一个人身上既存在着由先天遗传因素所决定的体质特质,例如气质,又存在着在后天社会文化环境下形成的环境特质,比如价值观等。由遗传基因所决定的人格特质很难改变,但是可以从量上来做调整。例如,气质是遗传特质,胆汁质的人一般来说情绪表达比较强烈,生性脾气暴躁,胆汁质的人很难变成黏液质,但是可以调节自己气质表达的恰当性,控制冲动行为,降低莽撞性。而由后天环境塑造的特质,则是可以改变的。例如,一个在商场拼杀失败的人遁入空门,他的价值观就可能由原有的实用型价值观蜕变为信仰型价值观。

流体智力属于年轻人,晶体智力属于年长者

位于心理元素周期表第四层次的是体现个体差异的三个

心理方面：能力特质、气质特质和动力特质。我们只着重谈一下能力特质。人存在能力高低的差异，其中智力是最重要的能力特质，卡特尔将智力分为两种：流体智力和晶体智力。流体智力是遗传带给你的智力，就是我们平时所说的"天性聪慧"，是一个人早期体现出来的智力天赋，"瑞文推理测验"测量的就是流体智力。一般人的流体智力发展到18岁达到高峰期，22岁后开始逐渐下滑。但是，我们的智力会随着年龄的增长而衰退吗？不完全是，晶体智力与流体智力不同，它是随着年龄的增长而提升的。晶体智力是知识学习的结果，是人们在学校或社会上学到的多种能力，与一个人的受教育水平和实践阅历有关。所以，流体智力和晶体智力都受年龄效应的影响。自然科学知识多与流体智力有关，社会科学知识多与晶体智力有关。也就是说，对于需要"童子功"的空间、数理知识需要流体智力的天赋，而对于需要人生阅历支撑的文史哲知识则需要晶体智力的支撑。所以，在不同的年龄阶段，你可以把握好自己的不同智力特点，发挥好自己的优势。

综上所述，心理元素周期表中蕴含着解读人格的密钥：

共同特质让我们有效地融入环境，根源特质可以让我们

透过现象看本质，遗传特质可以去提升，环境特质可以去塑造，流体智力能够让年轻人脱颖而出，晶体智力可以让年长者成熟睿智。因此，启动心理元素周期表中的每一个根源特质，准确且有效地使用我们的人格元素，让人格在成长中历练，让智慧在学习中完善。正如德国诗人歌德所说："天才在孤独中最易培养，性格在暴风雨中最易形成。"

——拓展材料——

卡特尔编制了著名的人格测评工具《卡特尔16种人格因素测验》（16PF），这16种人格都是根源特质，我们每个人都有这16种根源特质，人与人的差异只体现在量的差异上，分数高低表达的就是人格量的差异。

http://www.cnpsy.net/16pf/index3.asp

| 第三部分 |

江山易改,禀性难移

讲述人格在形成过程中受到的影响。人格是否自成一体?
"懦夫从不启程,弱者倒在路中,强者不断前行。"

第 9 讲
一个像夏天，一个像秋天
气质类型

生来气质，如同四季色彩。

在介绍心理元素周期表时我们提到，人格特质中有一部分是受遗传决定的体质特质，还有一部分是在后天环境影响下形成的环境特质。气质就是由遗传决定的人格特征，它位于心理元素周期表的最下位，与能力和动力平行。人一生下来就确定是哪种气质类型了。有的孩子一生下来哭闹不停，有的孩子安安静静，这就是气质类型的差异，它受神经类型的影响。

英国浪漫主义诗人威廉·布莱克（William Blake）在

《天真之歌》里就描述了人天性之中的气质差异:"每一个夜晚,每一个清晨,有人生来就为不幸伤神;每一个夜晚,每一个清晨,有人生来就被幸福拥抱。"在这一段里,作者描述了悲观者与乐观者的差异,这种影响渗透在一个人生活中的每一天、每一刻。

下面给大家介绍两个问题:一是气质类型的差异特征;二是彰显气质美的方法。

气质有四种类型,如同四季的色彩。多血质气质类型的人像春天一样,胆汁质气质类型的人像夏天一样,抑郁质气质类型的人像秋天一样,黏液质气质类型的人像冬天一样。气质类型对人的描述栩栩如生,但是气质类型无好坏之分。气质虽然不可彻底改变,但是我们可以扬长避短。

四种典型的气质类型及其特征

多血质——像春天一样充满朝气,灵活却多变

具有多血质气质的人给人以春风般的朝气,其优势是外向好动、思维灵活,活泼乐观,求新求异,善于表达,表情丰富,喜形于色,反应迅速,行动敏捷,对各种环境的适应力强,可塑性强,喜好交往,有种自来熟的本事,容易成为

群体里的中心人物。但是，这类气质类型的人的弱点是缺乏耐心和毅力，稳定性差，无常性，不求甚解，朋友虽多但交情浅，容易见异思迁。多血质的典型人物是《水浒传》里的"浪子"燕青，他聪明过人，灵活善变，使枪弄刀，弹琴吹箫，结交朋友，无所不能。

胆汁质——像夏天一样热情，真诚却莽撞

具有胆汁质气质的人像夏天里的一团火。这种人精力旺盛，争强好斗，做事勇敢果断，为人热情直率、朴实真诚。但是这种人常常是粗枝大叶、不求甚解，遇事常欠思量，鲁莽冒失，也常常感情用事，脾气火爆，刚愎自用，但表里如一。典型人物是《水浒传》里的"黑旋风"李逵，他脾气暴躁，力气过人，为人耿直，忠义刚烈，但思想简单，行为冒失。胆汁质的孩子，常被称为顽童，生性好动，一刻不安宁，仿佛有使不完的能量。

抑郁质——像秋天一样清冷，细腻却忧郁

具有抑郁质气质的人给人以秋风落叶般的无奈、忧伤的感觉。这类人情绪体验深刻、细腻而又持久，但很少外露。主导心境是消极抑郁，多愁善感，给人以柔弱的感觉，聪明而富于想象力，自制力强，注重内心世界；弱势是不善交际，孤僻离群，软弱胆小，萎靡不振，行为举止缓慢而单调，虽然踏实稳重，却优柔寡断。典型人物是《红楼梦》里的林黛玉，多愁善感，聪颖多疑，孤僻清高，弱不禁风，曲高和寡。

黏液质——像冬天一样稳重，坚韧却固执

具有黏液质气质的人像冬日里的雪，冰冷耐寒。这类人安静稳重，沉默寡言，喜欢沉思，表情平淡，情绪不易外露，但内心的情绪体验深刻，自制力强，不怕困难，忍耐力强，踏踏实实，内刚外柔，与人交往适度，考虑问题细致而周到，能坚定执行已做出的决定。但其弱势是略死板，思维灵活性略差，不容易习惯新生活，慢性子，有时候火烧眉毛也不着急。典型人物是《水浒传》里的"豹子头"林冲，他沉着老练，身负深仇大恨，尚能忍耐持久，几经挫折，万般无奈，才被逼上梁山。黏液质的孩子有时被称为"倔童"，生性倔强，爱使性子，有股十头牛都拉不回来的倔劲儿。

但并不是所有人都能被归于四种典型气质的一种，有些人可能是这些气质的混合体。

那么，气质又具有哪些特性，我们又该如何面对无法改变的气质类型，如何彰显气质美呢？

扬长避短彰显气质美

第一，气质类型无所谓好坏之分，气质虽然不可彻底改变，但是我们可以扬长避短。

气质的可塑性有一定程度的限制，例如，一个抑郁质的人如果想让自己变成典型的多血质，是不现实的。最好的做法就是了解自己气质中的优势和弱势，对自己做出客观的评价，发扬优点，克服弱点，使我们的气质更多地呈现出积极、健康的一面。

如果你是比较偏向多血质的人，就要发扬自己热情、机智、灵敏的特点，但要克服见异思迁的毛病，要严格要求自己，做事要有计划、有目标，以此提高自己的稳定性，培养坚毅的品质。

如果你的胆汁质成分偏多，就应该尽量发扬勇敢进取、不屈不挠的优点，克服自己粗心大意、简单冲动的毛病，鼓励自己养成镇定沉稳的品质，学会自制。

如果你是抑郁质的人，就要发扬自己细心、敏锐的优点，善于察觉别人不易发现的细节，但是要努力培养自信心，克服胆小、懦弱的一面，乐于交往，锻炼自己在公开场合发表意见的勇气和能力。

如果你的黏液质成分居多，你应该发扬稳重、踏实、耐心、自制力强的长处，但是要警惕自己墨守成规、缺乏进取心和固执己见的特点，要鼓励自己多参加集体活动，培养自己的合作品质。

一般来说，我们应该是先扬长，后避短。

第二，气质不决定你的社会价值与成就，气质不是成功或失败的理由。

气质是人的天性，反映了人的生理特性，无好坏之分。就像人们的长相、身高一样，气质只能后天加以修饰，很难改变其先天的特性。气质不能决定一个人的社会价值和成就。

任何一种气质类型的人，都可以成为品德高尚、成就杰出的人，也可能成为有害社会的人。例如胆汁质的李白、抑郁质的杜甫、黏液质的白居易、多血质的苏轼，他们都写出了流芳百世的诗作。

第三，好气质表现在适宜度上，特别是与职业的匹配度。

试想一下，如果让包公去卖肉，就是大材小用，让林黛玉去舞刀弄枪则是强人所难。但是如果让林妹妹去绣花，让包公去办案就恰如其分了。因此，不同气质的人适合从事不同的活动和工作。当气质与活动性质相适宜时，活动的效率就会提高，反之则降低。一般来说，要求迅速、灵活反应的工作对多血质和胆汁质的人较为适合，要求持久、细致的工作对黏液质和抑郁质的人则较为合适。例如，飞行员、运动员需要挑选反应灵敏、有胆有识、镇定自若的人，典型的抑郁质的人就不太适合；而财会、精密仪器观测等工作则应选择稳重、细心、踏实的人，典型的胆汁质的人也不太适合。

气质无好坏，重在适宜度。扬气质之长，避气质之短，是彰显气质美的关键所在，多血质可以显示出灵变之美，胆汁质可以显示出阳刚之美，抑郁质可以显示出阴柔之美，黏液质可以显示出坚韧之美。

——拓展材料——

大家可以做以下的气质类型测验，确定自己是哪种气质类型。

http://www.apesk.com/temperamentType/

第 10 讲

一朝被蛇咬,代代怕井绳
集体无意识

> 一代代遗留在人类发展基因中的心灵印记。

气质是一种由生理遗传所决定的人格,还有一种由社会遗传所决定的群体人格,我们称之为"集体无意识"。

在第 4 讲关于阴影原型的内容中我们提到过集体无意识,它是由人格心理学家荣格提出的一个非常具有创意的概念。

什么是集体无意识呢?

荣格在研究人类文化的时候发现了一种现象:世界各地的不同文化,在隔山隔水不相通的情况下,却有着一些共同元素。例如，图腾、关于人类起源的神话传说，还有《秘密花园》中的曼陀罗。这些共同元素为何会一直延续至今，对人类产生持续不断的影响？其中恐怕就有"集体无意识"的作用。

集体无意识是指人类在一代代的种族进化的过程中逐渐遗留下来的心灵印象，是物种进化和文明发展碰撞后融合起来的心理积淀物，简单地说，是被编码进入基因层面的祖先经验和行为方式。它不属于个人，而是属于人类普遍存在的现象。"一朝被蛇咬，代代怕井绳"，就说明了集体无意识的特点。人类祖先为了后代的安全繁衍，会将有效而安全的生存经验印刻进无意识层面保留下来，通过基因遗传，沉淀到后人的人格结构中，实现了一代代人的心理传递功能。

那么，人类遗传的共同人格特征对我们塑造美好人格具有什么作用？

第一个作用是，集体无意识的自性帮我们实现优胜劣汰的自我完善功能。

优胜劣汰这一生存经验已被融入人类的基因。人类之所以能够发展到今天，就在于进化是实现一代胜过一代的生命传递过程，否则，就会退化。进化的实现是因为人类具有自我完善的功能，这种功能存在于集体无意识中，叫**自性**（self）。在集体无意识中具有一些人格成分，荣格称它们为"原型"。原型是一种遗传倾向，包括人格面具、阴影、阿尼玛与阿尼姆斯等，这些都是在第4讲中提到过的内容，但是其中还有一个决定人类发展的重要积极成分，即自性。这是自我完善的人格的统合特征，它是一种清晰、和谐、稳定的人格状态，是一种内心体验，类似于主观幸福感、获得感，等等。自性具有自我调整的功能，能让人知道自己如何做得更优秀，更具生存力，能让人感受到心灵和谐时的平和感。这样讲起来大家还会觉得很抽象，那我们就从前一段时间风靡世界的手绘涂色书《秘密花园》谈起。

很多人买了《秘密花园》的画册和彩笔，在曼陀罗上涂涂画画。《秘密花园》背后的心理学原理是什么？其实，它运用了荣格的集体无意识理论和绘画疗法。画册上各种各样的图案就是曼陀罗。曼陀罗代表着完美的自性，它显示出有序、平衡、圆满、统一的完整结构，如同结构清晰、平衡、统一的自性。

《秘密花园》运用绘画疗法来调适失衡的人格状态。当人遇到问题或遭遇挫折时，人格结构会被打乱，出现破损、混乱与失衡,甚至分裂状态。那么,如何来修复心灵呢?人们通过绘画曼陀罗,激发起自性,使自己情绪平和、和谐有序,重新恢复人格的有序统合的状态。在网上你也可以看到人们自己绘制的各种各样的、色彩斑斓的曼陀罗图案。

所以,自性可以让你在优胜劣汰的生存环境下,做更好的自己,实现自我完善,达成人生目标,实现人类或家族优化的进化功能。

集体无意识的第二个作用是,让我们警惕代际劣质心理传递造成的人格退化。

基因就是命运,代际遗传是一个关系到我们子孙后代的问题。无论从国家还是民族希望的角度来说,无论是作为家长还是老师,我们都有一个共同的愿望,即希望我们的后代越来越好。

由于集体无意识具有代际的心理传递功能,所以,如何实现良好品质而非劣质特质的代际遗传至关重要。但是,在具有人类遗传功能的集体无意识中既存在着积极正向的原型,也有消极负面的原型。这就需要我们提高警惕,避免让消极负面的心理品质在我们的民族中出现社会遗传,在我们的家庭中出现代际传递。

我们可用一个例子来说明这个问题：国家在大力度推进精准扶贫工作，其中心理贫困的问题受到了关注。20 世纪 90 年代我们在研究贫困大学生的时候提出了心理贫困的概念，发现是否能够走出贫困的一个关键点在心理层面上。最近，在一项关于贫困地区代际社会传递的心理学调研中，研究者再次发现了这个问题。当询问贫困地区的孩子他们未来的理想是什么时，有的孩子回答：能做贫困生。所以，现在国家针对扶贫问题进一步提出，要扶智（力）、扶志（向）。

集体无意识具有向后代传递的功能，因此，消极的心理品质可能通过代际遗传的方式影响到后代。

针对集体无意识的第二个作用，我们该如何防止家庭中出现消极人格的代际传递呢？

孩子是我们的未来，我们都希望将优秀的人格品质带给孩子。如何教育孩子、如何因材施教常常是我们面对的一个难题。但是，家长要记住两个原则：预防人格阴影，塑造自性人格。

第一个原则是提升孩子对消极人格的阻断力和对人格阴影的免疫力。

针对总体人格而言，人格的遗传作用大约占 40%，后天环境占60%。但是，不同人格的遗传率是有差别的，特别是病态人格的遗传率更高。这说明，人格受遗传与环境的双重影响。当我们发现自身的人格劣势时，我们不要将其传递给孩子，而要先做到自我阻断。

例如，一位具有焦虑人格的妈妈，害怕孩子输在起跑线上，每到孩子的考试季，自己先焦虑，担心孩子考试失误，唠唠叨叨地说怕这怕那，结果把这种紧张情绪传染给孩子，让家庭中出现情绪共振状态，充斥着紧张不安的情绪。心理学的研究表明，这种压力感会抑制孩子的高级思维能力，会破坏孩子的情绪自控能力。当孩子带着这种情绪进考场，一遇到难题就会迅速启动焦虑情绪，产生认知干扰，从而不能正常发挥能力。次次如此，孩子渐渐地在心理上形成考试焦虑，结果就是每次都会考砸。之后，人生每遇到难题，孩子都会启动焦虑情绪，总被焦虑所缠绕，无法发挥潜能，甚至导致失败。

家长的消极人格就是这样复制到孩子身上的，并持久地印刻在孩子的心里。所以，我们要防止将消极特质植入到孩子的心灵深处，不能给孩子种植焦虑、种植冷漠、种植敌意。孩子的问题常常是家庭问题的体现，因此家长不要种植阴影，而要传扬自性。

为了防止消极人格的复制，家长首先要认清自己的人格弱点，先调控好自己，才能阻断它对孩子的消极影响。另外，家长如果能敢于面对自己的人格阴影，并有效地控制自身弱点，也会在孩子面前提供一个完善自我的榜样作用。

但是，对于消极现象，家长并不是要完全阻断干净，为孩子设定一个真空环境反而会降低孩子的免疫力。对于不良的人格或不良现象，家长要给孩子一定的免疫力，就像打预防针一样，起到"小接触、强预防"的作用。有些家长每天都会在饭桌上议论自己的社会见闻，并且表达出对社会的不满情绪，甚至敌意的态度，久而久之，孩子就会受到你的价值观的影响，也形成了对社会的敌意。等到孩子走入社会时，就可能出现与社会的剧烈冲撞，导致他对社会适应不良。这种情境不是"小接触、强预防"，而是一种"病毒直接侵入"作用。如何起到"预防针"式的免疫效应呢？家长需要把握好度。当发现一个公众事件影响到孩子时，家长不要回避，而是应加以正面引导，提供有效的分析方法，让孩子学到准确有效分析问题的路径，保持对社会和周围环境的积极互动模式，提高社会适应能力。

除了防止植入消极人格,我们也要努力植入积极人格。

第二个原则是塑造阳光心态,建构积极人格。

积极人格不是自然而然地产生的,需要靠教育的力量来塑造。积极人格的基础是要具有积极的心态,即面对挫折与困难,始终保持乐观的态度,而不是被消极事物所控制。前几年有一张"网红"照片,这张照片是一张在燃烧的房子前面全家面带微笑的合影照,家虽然没了,但人还在。这就是阳光心态,它会使我们不被环境控制,不被失败打倒,保持一种勇往直前的生活心态,这就是自性人格的力量。

读到这里,如果你认为自己已经受到集体无意识的消极影响,不妨回顾前面的章节,思考"自我决定人格"的自我调控作用,或者继续浏览后面的章节,认识自我,学习如何发挥优势。相信每个人都能够构建起自己的美好人生。

——拓展材料——

推荐影片:

《放牛班的春天》

音乐家克莱门特来到了法国乡村的一所学校做老师,而他面对的是难缠的问题儿童,克莱门特尝试用自己的方法改善这种情况,打开孩子们封闭的心灵。

第11讲

超越自卑的一生

自卑发展的双路径

> "自卑感和追求优越感是人生同一个基本事实的两面。"

任何人格的发展都会有不同的方向,有通往积极人生的发展路径,也有通往消极人生的发展路径,即使是消极人格也是如此。人格心理学家阿尔弗雷德·阿德勒(Alfred Adler)关于自卑发展的"双路径理论"就说明了这一点。如同"水能载舟亦能覆舟",自卑感既可以激励人们自强不息,也可以启动人们的防御心理。

下面,我们就以一个消极人格——自卑感作为切入点,谈谈人格发展路径的选择,而选择权就在你的手中。

人格心理学家阿德勒的一生是超越自卑的一生,我们先从阿德勒的故事谈起,看看他是如何走出自卑、追求卓越的。

阿德勒自小疾病缠身,他幼年患脊椎病,造成终身残疾,一生驼背、行动不便,动作笨拙,4岁才学会走路,5岁患肺炎险些丧命,长得又矮又丑。在天性优越的哥哥面前,他常常感到自惭形秽。阿德勒从小就深深体验到了自卑感的折磨,但是,阿德勒并没有被自卑击垮,他选择了自强不息。他认为:"由身体缺陷或其他原因所引起的自卑,一方面能摧毁一个人,使人自甘堕落或发生精神病,但在另一方面,它还能使人发奋图强,力求振作,以补偿自己的弱点。"他就是用自己的人生经历建立了著名的自卑双路径理论。

阿德勒认为,每个人在童年期都会因生来弱小无力而产生自卑情结(inferiority complex),人们总是试图摆脱这种感觉,有人成功,有人失败,进而导致后期的一系列成年行为。阿德勒认为自卑感是由于对自己某一方面不满,而产生的一种交织着无力感与无助感的失望心态。每个人都会体验到自卑感，自卑感会使人承受巨大的精神压力，导致心理上的失衡与不安。失衡与不安的后果，就是促使个体寻求平衡，从而克服自卑感引起的痛苦。

那么，自卑感会给我们的人生带来什么样的选择呢？

自卑者面对的第一个问题是：如何看待自卑？

这一问题折射出我们的人生态度。

阿德勒说过一句话："应付生活中各种问题的勇气，能说明一个人如何定义生活的意义。"

我们通常认为，自卑是个不好的人格品质。但是，阿德勒把自卑感看作所有人类的正常心态，也是人类奋斗向上永恒的心理原动力。他认为，克服自卑感，是人生的主导动机，也是人类的天性。

如何解读自卑的意义，决定了自卑对你的积极或消极作用。当你认为自身弱点难以克服，无力超越，你就会沉浸在自卑所带来的痛苦之中；如果你认为你有能力去抵御自卑，就能够主动去寻找超越之路。因此自卑感会对人生产生不同的作用。

所以，自卑不完全是病态的象征，我们不应按照异常的视角去审视它、处理它。而应积极面对自卑，这才是人格力量的体现。

我们用美国总统富兰克林·罗斯福的故事来说明这一点。患有脊髓灰质炎的罗斯福正值中年，面对高烧、疼痛、麻木以及终生残疾的人生前景，他并未将自己就此划入病人之列，他始终没有放弃理想和信念，他一直坚持不懈地锻炼，企图恢复行走和站立能力，他在疗养院里笑声震天，他的积极情绪感染了病友。在康复期间，他大量阅读书籍，其中有不少传记和历史著作，为自己的未来做准备。之后他重返政界，政敌们不断地用他的残疾来攻击他，但是他总能以出色的政绩、卓越的口才与充沛的精力将其变成优势。首次参加竞选的他就通过发言告诉人们："一个州长不一定是一个杂技演员，我们选他并不是因为他能做前滚翻或后滚翻。他从事的是脑力劳动，要想方设法为人民造福。"依靠这样的坚忍和乐观，罗斯福终于在1933年以绝对优势击败对手，成为美国总统，并连任四届，在国家发展关键时刻多次扭转危机。罗斯福的故事告诉我们：如何看待自身弱点，是自卑感如何影响你的原因。态度决定一切。

自卑者面对的第二个问题是：人生之路如何走？

这一问题折射出我们的人生选择。

自卑感产生之后，我们的人生会面临两种选择：是追求成功还是逃避失败。这取决于对自卑感不同发展路径的选择。阿德勒曾说："只是想逃避困难的人，必然会落后于他人。"

自卑感对人生具有激励作用，也有阻碍作用（见图11-1）。正常人一旦体会到自卑感，就会力求补偿自身不足，以重获优越感，以一种建设性的生活方式来达成自我完善。相反，有些人则可能被沉重的自卑感搞得束手无策、心灰意冷，有时甚至万念俱灰，把生活弄得一团糟，导致出现神经症。

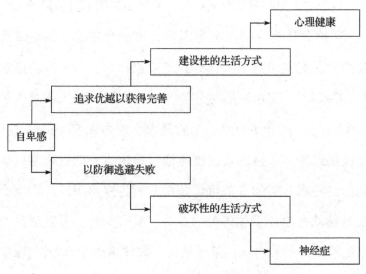

图11-1　自卑发展的双路径图

在这种情况下，自卑感就会作为一种阻碍因素而不是激励因素对我们人生发挥作用了。这种被自卑束缚的人，会对自己的缺陷过分敏感，害怕别人轻视自己，因而在言行上表现出反向行为，争强斗胜，恃强凌弱，并且运用一些自我保护的策略，例如托词、攻击行为、回避问题，等等，来获取虚假的自尊。

所以，一个逃避失败的人，反而会陷在失败的泥潭中无法自拔，无法做到人生的翻转。

那么，自卑者如何能够做到翻转人生呢？

自卑者面对的第三个问题是：克服自卑感的方法是什么？

阿德勒认为每个人都有不同程度的自卑感，而追求优越感就是对自卑感的补偿。为了克服自卑，一个人会通过"追求卓越"来实现人生完美的发展目标。所谓追求优越（striving for superiority）就是力求成为强者、获得个人完美的过程。人格的发展就是通过追求卓越的过程得以体现的。心理补偿的方法可以帮助我们克服自卑感。所谓心理补偿就是通过个体的努力奋斗，提升短板，以发展某方面的成就来弥补自身的某一缺陷，如成语所形容的，"勤能补拙、扬长避短"。我们都知道古代希腊雄辩家德摩斯梯尼

(Demosthenes)的故事,他原先患有口吃,经过数年苦练后竟成为著名演说家,这就是心理补偿的效应。当我们发现自身缺陷不可挽救时,我们可以通过寻找自身的某一优势来补偿劣势,用长板补偿短板也是一种心理补偿。比如,尼采身体羸弱,但是,他运用自己头脑的优势弥补了自己身体的缺陷,写下了不朽的哲学著作。

虽然追求卓越可以帮助我们克服自卑感,但是,也要防止出现过度的心理补偿(overcompensation),过度补偿是对自卑感进行补偿的夸张形式。例如,一位个子矮小的男人可能会因为自卑而过分追求权力,甚至攻击他人,以此证明自己的强大。过度补偿者虽可争到表面上的人格尊严,但内心仍难心安理得,这样并不能消除自卑感,而只是更加压抑自卑。一味要高人一等,以胜过别人为人生乐趣,待人倨傲,时常以贬抑他人来抬高自己,以显示自己的优越性,这也是一种病态表现。过度补偿会消耗你的身心能量,让你的生命浪费在无意义的征战之中,让你最终成为心灵的失败者。

作为人格主宰者,我们具有人生发展的选择权,准确地选择优势发展路线,寻求积极的路径,以克服自卑给我们带来的消极影响,实现人生的翻转。

记住这句话:你的人格你做主。

——拓展材料——

推荐影片:

《阿甘正传》

阿甘于第二次世界大战结束后不久出生在美国南方亚拉巴马州一个闭塞的小镇,他先天患有智力障碍,智商只有75,然而他的妈妈是一个性格坚强的女性,她常常鼓励阿甘"傻人有傻福",要他自强不息。

阿甘像普通孩子一样上学,并且认识了一生的朋友和至爱珍妮,在珍妮和妈妈的爱护下,阿甘凭着上帝赐予的"飞毛腿"开始了一生不停的奔跑。

第12讲

童年是成人之父
童年经历之殇

> "人类是命运的创造者而不是受害者。我们并不是注定要走在童年铺就的那条路上。"

人格功能的一个重要体现是：你的人格你做主，人生发展的选择权就在自己手中。但是，有一些人却做不到或者无法做到。为什么？因为人格受内外环境的制约，特别是童年经历的影响。

英国浪漫主义诗人威廉·沃兹沃思（William Wordsworth）在他的《彩虹》一诗中写下了这句话："儿童是成人的父亲。"这句话有两层含义：一是儿童的纯真是我们成人应该学习的,二是成人后的表现是由童年经历所决定的,儿童是未来的成人。以下内容讨论的重点侧重于第二层含义。

我们将从三个方面来解读童年经历:

一是童年对人格的一生发展具有什么样的作用?

二是童年的负面影响会持续多久?

三是如何消减或阻断童年的负面影响?

童年对人格的一生发展具有什么作用

哲学家柏拉图说过一句话:"一个人从小所受的教育把他往哪里引导,能决定他后来往哪里走。"这句话道出了童年经历对人格未来发展方向的重要作用。

童年时期创伤性事件的发生,会打破儿童的安全感、满足感和自我价值感,进而导致儿童出现偏差反应,可能持续一生。例如,墨西哥的"奶奶杀手"杀害了16位老年女性,获刑759年。她的杀人动机就是仇恨社会,与社会为敌。她曾说:"我心中充满怒火,我所做的一切都出于愤怒。"但是,人们要问:她为什么会这样?这要从她的童年经历说起。有一天,她的母亲把她送给一个男人后一去不复返。这个男人对她实施性侵犯，后来她怀孕并产下一女，从此过着悲惨的生活。她因此而仇恨母亲，她杀的16位老妇人都被她视为母亲的替身。电影《沉默的羔羊》也同样反映了这种犯罪心理现象，影片中的比尔是一个专门杀害女子并剥去她们皮肤的变态杀手。比尔为什么会变成这样？通过对比尔的调查得知，他童年时期一直遭受继母的虐待，从而对"母亲"埋下了仇恨，并且把这种心理扩展到了所有女性身上，将他的内心仇恨以一种反社会的方式发泄出来。他所杀害的女子也都成为他继母的化身，受害者成为他宣泄对母亲仇恨的替代品。科威特女作家穆尼尔·纳素夫说过一句经典的话："母爱不仅仅是指母亲对孩子的爱，也包含孩子对母亲的爱。"当母亲不能给孩子应有的爱时，她将种下仇恨。

童年的负面影响会持续多久

为什么童年的创伤性经历会固化到成人身上？弗洛伊德曾写道："一个被母亲完全喜欢的人，终其一生都会有一种作为胜利者的感觉，而这种成功的信心通常会让人获得真正的成功。"弗洛伊德在给病人治疗过程中发现，多数人的心理问题都可以追溯到儿童期的生活经验,这使他坚信"儿童是成人之父"。弗洛伊德认为,人格在孩子五岁时就基本定型了,之后很少再发生变化。他认为个体有一个"**人格延续中心**",早期人格定型后,这个中心就开始发挥作用,维系着人格的稳定性。俗话说的"三岁看大,七岁看老"就体现了这一功能。弗洛伊德认为人都是过去事件的囚徒或受害者。

我举几个研究实例来说明这一现象。自闭症的病因很复杂,先、后天的因素都可能会导致孩子出现自闭症。心理学研究表明,有一种人为因素可能会导致孩子出现自闭症特征,这一因素就是早期的母爱丧失。一些缺少母爱的孩子在成年后会存在社会交往困难及亲密关系障碍。在注意力缺损多动症的研究中也发现了类似的问题,家长教育方式不一致可能会导致孩子出现多动症的反应特征。另一项研究调查了714名抑郁症患者,发现在他们的人生早期,父母与他们的关系是敌意的、忽视的、分离的和拒绝的。这种不良的家庭教养方式导致孩子与抑郁症产生连接,对人生发展产生不利影响。客体关系学派的代表人物海恩兹·克哈特(Heinz Kohut)指出:"一个人不能在没有氧气的空气中生存,更无法在没有亲情的心理环境中生存。导致人类自我毁灭的原因是生活在冰冷、毫无人性的、没有亲情的世界里。人最惧怕的不是生理死亡，而是生活在人性无存的世界中。"由此可见，具有伤害性的童年经历会对一个人的人生轨迹产生影响且作用更长久。

如何消减童年的负面影响

注重孩子的早期教养至关重要，它决定了孩子的未来发展方向。那么，父母应该如何做，才能给孩子一个好的未来呢？作为已有童年缺失的成年人，又该如何改变命运，给自己一个更好的未来呢？我们从两个方面来阐述。

第一，父母的教养方式要科学、恰当。

教育学家陶行知说："教人要从小教起。幼儿好比幼苗，培养得宜，方能发芽滋长，否则在幼年受了损伤，即使不夭折，也难成材。"

一项持续12年的心理学研究显示，在孩子3岁和6岁时对母亲的教养态度进行测量，发现当母亲对抚养儿童持有敌意时，孩子在15岁时极有可能对外界充满敌意。所以，家长的教养方式会影响到孩子的人格形成：

在恐惧中长大的孩子，将来会畏首畏尾；

在指责中长大的孩子，将来会怨天尤人；

在敌意中长大的孩子，将来会好斗逞强；

在怜悯中长大的孩子，将来会自怨自艾；

在嘲讽中长大的孩子，将来会消极退缩；

在嫉妒中长大的孩子，将来会钩心斗角；

在羞辱中长大的孩子，将来会心怀内疚。

那么，什么样的家庭教养方式最有利于孩子成长呢？是民主型的教养方式。在这种教养方式中，家长与孩子相处在一个安全、平等、和谐的家庭氛围中，父母尊重孩子，给孩子一定的自主权并加以正确的指导。成长在这种家庭环境里的孩子会形成一些积极的人格品质，如活泼、快乐、直爽、自立、彬彬有礼、善于交往、容易合作、思想活跃等。

那么，具有童年创伤经历的成人该如何对待自己的过去与未来呢？不幸的童年一定会有悲惨人生吗？

第二，启动人格自主的建设力。

人格心理学家乔治·凯利（George Kelly）认为，"**人类是命运的创造者而不是受害者，我们并不是注定要走在童**

年或者青少年时期铺就的那条路上．"过去的事件并不是现在行为的决定因素。童年时期对人格的形成至关重要，但是，人格在儿童期之后还会继续发展，而且这种发展可能会贯穿整个生命历程。

启动人格自主的建设力基于以下两方面。

一是要厘清童年人格与成年人格的区别。

在人格发展历程中，童年与成年间的关系一直是一个争论不休的问题。我们究竟是依赖，还是独立于我们的童年？早期的童年经验与后来的生活经验哪个对人格的作用更大？

在美国人格心理学家奥尔波特看来，健康的人格是由婴儿期不成熟的生物机制转变为成年期成熟的心理机制，存在着两种分离的人格：童年人格和成年人格，二者有质的不同。童年人格正处于发展不成熟期，容易受不良因素影响，但是成年人格是稳定、丰富、深刻、整合的，健康成熟的人格更具有自我控制力和塑造力。所以，早期童年经验塑造了人格的雏形，但这并不是固定或永久性的，后来的人生经验既可以固化早期的人格模式，更可以改变它。

二是要认识到童年的影响是因人而异的。

我们先来看看人格心理学家的人生是怎样的。多数人格心理大师的童年是不幸或不顺利的，沉浸在孤独、焦虑、自卑、矛盾的心理状态中，例如，荣格、阿德勒、卡伦·霍妮（Karen Horney）、约翰·华生（John Watson）、奥尔波特、亚伯拉罕·马斯洛（Abraham Maslow）和卡尔·罗杰斯（Carl Rogers）等人都有类似的经历。但是，这些童年经历与体验并未让他们沉沦，而是造就了他们审视问题的视角、解决问题的能力、归纳思想的智慧、建构理论的执着。例如，霍妮的父亲是一个刻板的教徒和严厉的独裁主义者，重男轻女，他认为霍妮外貌丑陋、天资愚笨，不愿意让她接受高等教育。但9岁的霍妮并没有接受父亲所规定的命运，她倔强地说："如果我不能漂亮，我将使我聪明。"最终霍妮获得了柏林大学的医学博士学位，当时获得医学博士学位的女性寥寥无几。所以，美国人格心理学家奥尔波特总结了一句话："同样都是火，它使黄油融化，却使鸡蛋变硬。"一个内心强大的人可以阻断童年的负面影响，而不是接受童年带来的桎梏。

童年人格会对未来发展方向具有决定作用，但是童年创伤经历对成年的影响因人而异。良好的教养方式是塑造孩子美好未来的基石,健康成熟的人能有效启动自我的人格建设力,阻断童年的不利影响。

——拓展材料——

推荐电影:
《潮浪王子》(*The Prince of Tides*,1991)

| 第四部分 |

几个世界,几种人心

你的内心空间能存放多少心理财产,以发展你的健康人格?
"每个人的人格中,都有建设性和破坏性的力量。"

第13讲

三面夏娃
异常人格与健康人格

> 人格如同宇宙星系，有北斗七星，也
> 有南斗六星，各自有其运行轨迹。

人格如同浩瀚星空，银河星系、仙女座星系、猎犬座星系各自有其不同的运行轨迹，人格也有不同组合，有序而规则地运行着，构成健康人格状态。但是，有些人的人格组块却呈现出杂乱无章、无规则运转的状态，相互冲撞，形成异常人格状态。这一讲的重点是怎样区分异常人格与健康人格。

我先从美国电影《三面夏娃》谈起，这是根据真人改编的故事。

伊芙是一名平凡的家庭主妇，长久以来，她一直饱受抑郁、失眠和头痛的折磨，不知自己是谁。她去找心理医生求助，医生却发现在她身上有三种人格：杰妮、白夏娃和黑夏娃。黑夏娃魅惑又放荡，白夏娃拘谨且忧郁，杰妮是其真实、正常的人格，聪明成熟。经过治疗，最终杰妮取代了白夏娃和黑夏娃，三种不同的人格整合在了一起。从此，伊芙回归到正常生活。

这里再推荐给大家一本书《24重人格》，其作者卡梅伦·韦斯特（Cameron West）身兼"人格分裂"患者和心理学家双重角色，将自己人格分裂的令人心碎的经历，以及满是创伤的心灵历程和治疗过程，展现在读者的面前。这是一个有关分裂人格的心灵解读故事，它既是一本纪实性的文学作品，又是一部具有很高学术价值的著作。

我们在前面谈到健康人格是丰富而统合的状态，分裂人格则正好相反。为什么会出现健康和异常两种截然不同的人格特征呢？人格心理学家霍妮认为，每个人的人格都有**建设性和破坏性**的力量，但是在心理异常患者的人格内，破坏力量占优势，从而表现出各种心理冲突。

下面，我们就从异常人格和健全人格两个方面来分析人格功能的不同特征。

第一个问题是：**多重人格（异常人格的一种）的心理学原理**。

多重人格被界定为在一个人身上具有两种以上不同且相互独立的人格系统，它是一种心理障碍，也称为分离性身份障碍，换句话说就是对自己身份的破坏，像伊芙就处于不知道自己是谁的痛苦状态。《三面夏娃》中的伊芙具有三种人格于一身的特征，这三种人格相互独立、各自完整，在人格系统中轮流执政，互不干扰，独立运行。**当一种人格占优势时，另一种人格就完全被排除在意识之外，让人无法觉察到它**。正如伊芙向医生描述她的不同状态时所说，她们就好像是一直在一起的三个灵魂，共同栖身于一个肉体之上，当正在控制肉体的那一种人格变弱时，其余两个中最强势的一个便会控制肉体，做自己想做的事。例如，当黑夏娃占优时，白夏娃就消失了；黑夏娃疲惫后，白夏娃或杰妮就开始"篡位"了。

多重人格的形成主要始于童年期，是多种因素相互作用的结果，**早年创伤性生活事件、不良生活环境、缺乏外部支持**等都是影响因素。其中，创伤事件起到了决定性作用，使得患者使用分裂的防御方式来保留下"好的心理成分"，分裂出不相容的"坏的心理成分"。伊芙多重人格形成的第一个原因是她早期的童年经历，心理医生发现，无论是在哪一种人格情况下，伊芙都说自己完全不记得6岁之前发生的事情了。医生敏锐地察觉到这可能就是原因所在。通过催眠治疗，医生终于发现藏在她心底的症结：伊芙6岁时参加了祖母的葬礼，母亲强制要求她吻别祖母的遗体，她很害怕，但母亲还是抱着她，强迫她与死者相吻，这在伊芙幼小的心灵上留下了一道阴影。伊芙由于内心脆弱，对这一事件出现了遗忘，弗洛伊德把它称之为动机性遗忘，是孩子为了防止创伤事件的记忆不断地骚扰自己，而将那段记忆压抑到无意识层面中。导致伊芙产生多重人格的第二个原因是婚姻问题，丈夫暴戾专横，对其控制与压抑，导致她自我人格的压抑。童年创伤经历和婚姻生活的压抑，与伊芙原本活泼浪漫的"原生人格"产生了剧烈的冲突，进而导致她的人格崩溃瓦解。

　　对多重人格的治愈结果是人格统合，但要经历一个漫长的过程。影片中伊芙回归到正常状态时，三种人格中的杰妮取代了黑、白夏娃，形成了人格的统合，杰妮成为一统天下的"人格主宰者"。

　　异常人格的对立面是健康人格，人格分裂的对立面是人格统合。正常与异常是一个连续体的两极，有时候很难说哪一点就是正常与异常的分水岭。但是，我们要掌握正常与异常的原理。

正常人格有别于异常人格，健康人格是正常人格发展的完好状态。人格心理学大师在研究异常人格时，同样会描绘出健康人格的特征，给出一个正向标杆。阿德勒指出，健康人格具有最崇高的心理属性。

下面就谈一下第二个问题：**健康人格的建设标准**。

心理学家提出的健康人格的标准很多，但是万变不离其宗的是人格的统合，这是健康人格的核心标准，这也是人格的功能属性。如何评判人格的统合性呢？有三个指标：人格的建构功能、匹配功能与完好功能。

（1）建构功能。埃里希·弗洛姆（Erich Fromm）认为健康人格具有建设性的功能。在每个人的人格世界里，存放着多元、复杂、动态的人格元素群，这些人格特质元素并非是简单堆积起来的，而是如同宇宙世界一样，是一个依照一定的秩序、规则有机结合起来的运行系统。这一功能就像是有一个高超的建筑师设计建筑蓝图、用建筑材料建造出美丽雄伟的大厦一样。人格的统合性就是要将各种成分统一在一个和谐的关系系统之中。人格中的自我元素是人格统合的"指挥官",负责人格元素的和谐运行。如果人格结构杂乱无章,人们对世界和事物的解读就会紊乱,出现差错,内心中会出现纠结,从而沉浸在矛盾世界里无法自拔。人格结构统合性高,会使人在有序、良好、宁静的心理世界里幸福地生活。所以,健康人格具备对人生、对未来的设计与规划能力。**每个人都是自己人格的设计师和建筑师。**

(2)**匹配功能**。不同人格元素是否匹配良好是健康人格的条件,否则会因为人格的搭配混乱而出现失控行为。例如,在读《水浒传》时,读者经常将李逵和鲁智深归为一类人,因为二者都属于"豪放仗义"之人,性情粗犷,疾恶如仇,仗义行侠,威猛不屈,义胆忠肝。但是,细品起来,两个人却有鲜明差异,这种差异主要表现在人格的统合力上。鲁智深心有佛性,具有爱心,粗中有细,勇而有谋,爱憎分明。而李逵则是有勇无谋,缺乏理性,随性而起,冲动鲁莽。由此可见,虽然两人都是豪放仗义,但是,智慧和仁爱与行侠仗义是否匹配决定了两人在行事风格与做事结果上的差别。好品质的统合会使人格优势得以发扬,鲁智深将智慧、仁爱与行侠仗义有机统合,被誉为"梁山第一英雄好汉",作者也对其称赞有加。反之，李逵做事欠思考，其不良人格组合导致其在"行侠仗义"时表现出鲁莽蛮干的失控行为。

（3）完好功能。完整的人格是一种自我统一、朝着积极方向发展的人格完好状态，包含了完整性与完好性。破坏了这种内在统一性，就会出现上面我们所叙述的人格失调或人格异常。有时候我们处世不利是我们自身的缺陷所导致的，所以完善的人格是一个人全面发展的基础。荣格提出，健康人格是一个统合、均衡、充分发挥功能的人格。

综上，完善人格的最终结构就是在建构健康人格品质，依据上述三个指标，可以有效地帮助我们发挥人格的积极功能，远离病态人格。

——拓展材料——

推荐影片：
《三面夏娃》
《致命ID》

推荐图书：
［美］卡梅伦·韦斯特著，李永平译，《24重人格》，上海译文出版社2013年版。

第14讲

横眉冷对千夫指，俯首甘为孺子牛
人格的多元性

> "对待同志要像春天般温暖，对待敌人要像严冬一样残酷无情。"

"横眉冷对千夫指，俯首甘为孺子牛。"这一诗句来自鲁迅的《自嘲》，这句话表明对敌人要冷眼藐视，对人民要俯首听命。从人格角度解读，它说明了一个人面对不同的情境、不同的人显示出的不同态度，体现出人格表达的价值取向。我们也经常听人评价一个人时说"这人是个变色龙"。这些都体现了人格表达的多变性。下面，我们就解读一下人格的多变性特点。

第一个问题是：正常人的这种人格多变性表达，与多重

人格的变异性有何差别？

有人担心无法判断自己人格的多变性是正常还是异常，我们给出以下3个判断点。

区别1：统合性与分裂性的差异。正常人的人格多元化表达，是因人而异的区别对待，是个体有意识地选择的对应性的言行表达，人格的统合性不受影响；而多重人格的多变性，是反常化的表达，几种人格交替性轮流出现，是一种不受人自主控制的无意识的反应，其表现形式是分裂性的，所以给人带来的是痛苦感受。

区别2：外在我与内在我改变的差异。正常的人格多元化表达是不同社会角色在一个人身上的转换，也是一个人身上不同的外在我的表达，但是其内在我是不变的；而多重人格的多变性是内在我的表达，是由内而外的变化，是人格本质的改变。

区别3：价值取向的差异。正常的人格多元化表达体现出人格表达的价值选择，比如"横眉冷对千夫指，俯首甘为孺子牛"就是表明对敌人与对人民的态度是不同的，爱憎分明；而多重人格的多变性没有好恶分明的价值选择，是一种病态的反应。

紧接着第二个问题又会出现：**为什么正常人的人格多变性会具有好坏之分？**

我们对一个人做评价时，经常会启动好坏这一评价维度。例如，有人会把能够"横眉冷对千夫指，俯首甘为孺子牛"的这类人视为好人，而将敌友不分，甚至为私利而认敌为友的人视为不好的人，将有破坏性的敌人视为坏人。这就是人格表达中存在的价值判断，是对人对事要做出好坏、真假、善恶的评判。

具有好坏之分的人格类型，多是后天形成的，是人对环境适应的结果。

弗洛姆的人格学说就强调了人格的社会性，他认为社会坏境会影响人格发展，要想解决现代人的种种精神危机，就要通过社会变革来实现。人在社会适应过程中，会遇到很多问题，在解决问题的过程中，形成了两种不同的取向：一个是富有建设性的发展方向，另一个是非建设性的发展方向。如何选择，由一个人的人格所决定。弗洛姆提出了以下六种人格类型。

（1）**接受型人格**。这类人处于一种被动的、凡事依赖外界的处世状态中，他们认为自己所需要的一切东西，包括知识、情感和物质，都只能从外界得来，所以他们不愿为得到自己想要的东西而努力，自己也不愿付出，总是期盼别人来给予。他们处世悲观，屈从于命运的安排，自卑怯懦，对人唯命是从，内心脆弱，依赖感很强。这种丧失自身独特个性的人是无法爱与被爱的。

（2）**剥削型人格**。这类人认为可以通过抢夺、欺诈或操控等手段来获取所需的事物。在他们眼里，人际关系只是满足其需要的工具而已，他们善于利用他人，在其高超的社交技巧之下隐藏着自我中心主义和自私自利。或许有人会觉得他们很有魅力，但那也只是他们为了获得他们想要的东西而使用的一种手段，他们将别人视为工具，因此不可能与别人建立起稳定的关系。

（3）**囤积型人格**。这类人以囤积和节约的方式来获取安全感，通过保护自己领地的秩序和清洁来防止外部世界的威胁。他们为将来而储蓄，甚至会过度储备。拥有自己的东西，这本来是无可厚非的，也是人们生存的必要技能，但是囤积型的人往往超过了正常的界限，而显得过于吝啬、整洁和讲究规律。他们占有欲很强，不管需不需要，先要占位，把各种事物都收罗到自己的掌握之下，包括领地、金钱、物质和情感。消费对他们来说是一种威胁，保存住现有的，搜罗其他的，才是最安全的。他们在与人交往的过程中，冷淡多疑，处事保守，过于理智化，没有感情，令人感觉了无生趣。

（4）**市场型人格**。这类人最关心的事情是自己在别人心目中是否留下了深刻的印象，在他们看来，个人的价值是由外界和他人决定的，自己就像是一件商品，因此难免会过分在意别人的看法，随波逐流。这种市场型性格也叫变色龙。弗洛姆认为，资本主义社会及其经济体制会助长市场型人格的形成，使一些人总把自己打扮成待价而沽的商品。他们不喜欢独处，需要持续不断的社会接触来确认自己的价值，所以他们十分热衷于社会地位，不加分辨地期望获得所有人的注意，但对于别人的感受却漠不关心。他们社会交往的指导原则就是"我就是你所需要的人"，所以有时为了成为别人需要的那样，他们必须压抑自我实现的需要，从而导致某些精神疾病。

（5）**官僚型人格**。这一类型人的特点是个体完全被权力和官僚体系所控制，同时自己也拥有支配别人的某些权力，他们常常使用官样文章和政治手段来宣泄自己虐待狂般的敌意。

（6）**建设型人格**。前五种类型都属于非建设性的人格取向，而**第六种是积极的人格取向**。建设型人格的人，能够充分发展和发挥出自身所具有的潜能，无论是身体、心智，还是情感，都是健全的。他们是理智的，能够透过现象揭示事物的本质，从而有效地解决自己所面临的问题。他们能接纳自己和别人，接受某些必然会发生的事情，而不会自怨自艾或者怨恨别人。他们懂得爱与被爱，能够消除人与人之间的藩篱，建立起良好的人际关系。他们富有创造性，能够建设自我，也懂得"推销"自己，能快速地适应环境，同时为身边的环境和社会做出积极的贡献。

弗洛姆指出，**其实创造和建设是人所具有的本性，没有人会完全缺乏建设性，如果人格内具有建设力量，且足够强大，非建设型的部分也可以变为积极的取向。**

那么，向着建设型的方向发展，人格会具有什么样的特征呢？弗洛姆提出了创造性生活取向，这是美好生活所需的人格品质，它能够不断扩展自己，获得新的人格特质。当个体达到趋近理想境界的人格状态时，各种人格特质应该以均衡和谐的方式存在，相辅相成。一个具备良好人格品质的人，应该具备下列人格特征：

（1）接受他人，对他人真诚、仁慈、关怀、谦虚、宽容，而不是操控。

（2）当面对不可避免要发生的事件时，会接受现实，不会出现挫折感与怨恨。

（3）积极主动地处置自己的环境，富有自信，敢于自我肯定，勇于维护自己的权利，以促进有意义的生活。

（4）依据自己的实际情况来调整自己的需求，在实现目标时，有耐心、慎重、自制、不屈不挠。

（5）在竞争社会中，具有推销自己的社交能力、不断尝试的适应能力、认真负责的工作能力、虚怀若谷的宽大心怀。

（6）发展爱的能力与爱的艺术。

弗洛姆提出的这6条标准，朴实无华，实实在在，但是做起来并不易。弗洛姆告诉我们，在适应环境的过程中，不能随波逐流，也不可逆流而上，而应朝着建设性的方向发展，做有益于他人、有益于社会的事情，促进自己的社会化发展。

——拓展材料——

推荐影片：
《完美的世界》(*A Perfect World*，1993）

第 15 讲

透明边界线
心理疆界

> 不莽撞地侵入他人空间，也不轻易让
> 他人扰乱自己的心灵。

人格不是死水一潭，它始终与生命相伴，处于互动作用与流动过程中，包括人格与外部环境的互动以及人格内部结构的流动过程。这种互动与流动不是无边界的，而是有一种无形的藩篱——心理疆界在其中起调节作用。

什么是心理疆界呢？在本讲中我们会介绍"心理疆界"理论。

最早提出心理疆界概念的是心理学家库尔特·勒温

（Kurt Lewin）——"场论"的创始人。他在场论里描述了人格结构的构成特征（见图15-1）：人格结构中有不同成分，每个成分如同一个区域，这些区域间有边界相隔，就如同国家与国家之间有国界隔离。人格不同区域间的边界也称为疆界，疆界有的厚如城墙，有的薄如细纱。区域间的疆界越薄，说明通透性越强，人格区域间的流通性越强；疆界越厚，说明每个人格区域被隔离得越严密，一个人会将不愿让人知道的内心秘密与伤痛用严密的疆界封存起来。人刚出生时，人格结构处于混沌且未分化的状态，随着逐渐成长，人格区域的分化越来越多，心理的复杂性就会增加。心理疆界富有弹性时，会加强人格成分间的渗透与流动，使人的心理灵活性和变通性增强，与环境的内外互动更加顺畅，使人

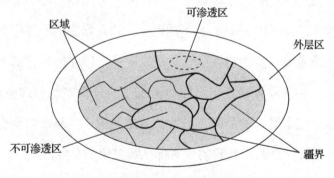

图 15-1　勒温的心理疆界示意图

的社会适应性变得良好；心理疆界太坚固、不通透，会使人固执、死板；心理疆界太通透又会使人做事没有边界，混乱无序。

勒温的"场论"

"场"在勒温的体系中，实则代表了"生活空间"这一内涵。关于人的行为动机的所有答案都在个体和其心理环境这个特殊场域之中。"场"不仅仅指个体在某一时间内知觉到的物质环境，而且还包括个体解释、认识与赋予它的意义，也包括个体所感受到的情绪、所具有的信念等全部事件的总和（Lewin, 1936）。

之后，美国心理学家亨利·克劳德（Henry Cloud）和约翰·汤森德（John Townsend）博士在《过犹不及：如何建立你的心理界限》一书中再次提出"心理疆界"（psychological boundary）的概念。它是指人的心理生存空间和外界的界限，它将自己与别人隔开，以保持自己的个性空间。心理疆界会将自己和他人的"心理财产或心理资源"界定出一个明确的范围，包括什么是我的、我应该对什么负责，也标明什么不是我的、对什么我应该做有限的反应。

心理疆界存在于两种心理活动中：一个是内心与环境间

的心理疆界，一个是人格内部区域间的心理疆界。界定心理疆界其实是建立一种互动规则或区别要求，它表明，心理活动是有边界要求的，什么情境该做什么事情，不能做什么事情，是有明确规定的，因此你要了解这些心理规则。

下面，我们谈一下心理规则。

心理规则是**让人根据情境特征做出恰当反应的行为要求或规则，是让人们适应社会、自我协调的保障。**

常用的心理规则有以下几种：

（1）**间隔区划**——涉及自我人格内部区域之间的疆界。

间隔区划（compartmentalization）是由著名的女性人格心理学家卡伦·霍妮提出来的。所谓间隔区划是指**人们的各种生活区域是按照不同的法则来运行的**。反过来说，每项生活法则都有它特定的适用范围，不可越界。如果将某一生活区域的法则迁移到其他生活区域，就会出现问题。例如，夫妻间的亲密行为只适用于家庭生活中，而不适用于工作环境，职场中的越轨行为会导致职业道德丧失。间隔区划告诉我们：一个社会人要知晓人生各领域的运行规则，一个人会身兼数种社会角色，如家庭角色、职业角色、性别角色，等等，每一种社会角色都有各自的一套行为要求，当你遵循各种社会角色的规范要求时，就会带来和谐有效的生存状态，否则就会给自己和他人制造人生烦恼。

但是，一位优秀的职业人要特别注意职业侵入问题。职业侵入是指一个对职业过于认同的人因为热爱自己的工作，全身心地投入在职场中，结果将自己的职业行为扩展到其他生活领域中，让工作霸占自己的全部生活。例如，一位好教师在学校里对学生尽职尽责、无私奉献，这是教师角色的职业要求，但是如果在家庭中，他就要将教师角色转换为父母角色或夫妻角色。电视剧《让爱做主》中描述了一名过度认同职业角色的女医生，她全身心地投入工作，忽视了家庭，回到家仍然板着一个医生的面孔，就像永远也脱不下白大褂的医生，导致与丈夫出现情感危机。一位生活状态良好的人，应该是能在各种社会角色中依据间隔区划的原理灵活且恰当转换的人。

（2）**公私有别**——涉及自我与环境之间的疆界。

这一规则涉及"公我"与"私我"的差异与边界。公我是一个人在公众场所中表现出的公众形象，如同人格的面具层面；私我是在个人空间中的自我表达，如同面具后的真我。首先，公我与私我的运行规则是有差异的。公我的展示受制于社会规则，而私我的表达遵循自我规则；其次，公我表达有很多限制，而私我表达更自由。所以，公我表达需要自我控制力，避免私我不恰当地流入公我中，说了不该说的话，做了不该做的事，最后后悔万分。公众人物对公我的展示要更多一些制约，也就是说公我与私我之间的疆界要更厚。公众关注度低的普通人，其公我与私我的疆界可以更富弹性，特别是一些性情中人的心理疆界更为通达，他们会运用直白、率真的自由表达方式，随心做事，有些人甚至会口无遮拦。公众人物则不同，他们的公我空间也比一般人少，在公我中要特别防止使用私我的表达方式，否则，就会带来一些麻烦，甚至会改变命运。

（3）**区域扩展**——涉及自我与他人之间的疆界。

依据客体关系理论，在人刚出生时，主客体界限不清。例如，你可以看到小孩子会啃自己的脚趾，他们把脚趾当作玩具玩，而不认为脚趾是自己身体的一部分。之后，随着孩子慢慢地长大，他们有了主体与客体的界限，知道了自己与妈妈的关系，形成了依恋关系，并且由此扩展到与其他不同人的交往，明确意识到人我之间关系的重要性与地位差别。孩子长大后，成为一个健康的人，他会运用具有建设性的、清晰明朗的互动过程来处理自我与他人的关系。相反，主客体不能清晰分离会引发个体的许多心理问题。例如，人际冷漠、人际依赖、人际回避，甚至会走向犯罪。

人格成长过程，就是个体在与他人和社会互动中扩展和丰富自己的人格，具体表现为人格区域的不断扩展。但是，人格区域扩展的是什么、是怎样扩展的也体现了不同人的价值倾向。

在心理扩展中，心理疆界会将自己和他人的"心理财产或心理资源"界定出一个明确的范围。一位善良的人在心理生存空间中不仅有"自我财产"，还会将社会责任与他人需求纳入他的心理空间，将自我与社会的疆界更通透化，在别人需要时，他也会将自己的资源奉献给他人或社会，与社会形成良性互动。而一个自私的人，其个体心理疆界的扩展是以掠夺社会资源、占有他人或社会资源为基础的，这样的扩展是一种私欲的绝对扩张，只进不出，自我与社会不能形成良性互动关系。因此，在心理扩展中，心理疆界规定了我们的人格要阻断外部不良因素的侵入，要吸纳美好元素来滋润我们的心灵。

最后，我们再归纳一下疆界效应对人格成长的作用。

心理疆界虽然是一种看不见的透明边界线，但是，它具有很多功能。

第一,它具有保护功能:它可以保护我们的心灵健康成长,避免我们的心理资源无效地流失与浪费。

第二,它具有阻绝功能:它可以阻挡不良环境因素的侵蚀与扰乱。

第三,它具有隔离功能:它可以将个人私密空间与外界隔离开来,它可以将个人伤痛隔离起来,暂时存放在一个区域中,不去干扰健康的人格区域。

第四,它具有边界功能:它可以让人分清自我与他人、个人与社会的边界,明晓做人做事的规则,做出恰如其分的言行,不越界,不出格,不造次,成为一个自我建设完善、社会功能完好的人。

总之,良好的社会秩序需要运行规则的保障,良好的生活建设也需要心理规则的确立。有效、明确、富于弹性的心理疆界会为我们建构和谐的生活空间,实现自我和谐的功能。

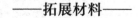

——拓展材料——

推荐电视剧:
《让爱做主》

第 16 讲

不要停留在过去的世界

人格停滞与人格倒退

> 要先知道在人生历程中,我们会遇到什么样的人生发展问题。

在人生的每个阶段,我们都要面对特定的人生问题。如果个体无法顺利地完成某一人生阶段的任务,就会出现人格停滞或人格倒退。我们应该如何应对这种状态呢?

先分享一个案例。有一位 27 岁的女性来访者,咨询师先让她做了一个"房树人测验"。这是一种人格投射测验,可以探测人格的潜意识层面。女士在一张纸上画了一棵树,树上有 6 个苹果,她还画了一座房子,房子周围是篱笆护栏，房子里面有一个小女孩，她说这个女孩子就是她自己。这名女性来访者当时与一位父辈年龄的男人过着同居生活，她一直被思乡病所缠绕，总是缅怀早年生活，而拒绝与现实生活联结。从对画的分析来看，这名女性来访者的人格发展停滞在她的6岁，树上的6个苹果暗示出她停滞的年龄。这位女士背后有什么故事发生呢？在她6岁时，她全家搬到另一个地方，新环境让她始终无法适应，她对熟悉的出生地难舍难分，搬家与转学对她构成了心理创伤。由此，她的人格发展停在了那一刻，她的人格也表现出6岁儿童的特点，就像一个永远长不大的孩子，逃避新环境，总在寻求保护，将自己放在一个有护栏的房子里就说明了这一点，她找了一个父亲般的男人来呵护自己，也说明了她保留着一个需要被呵护的孩子般的心理特征。这个案例就是人格停滞的表现特征。

人格停滞与人格倒退有何不同呢？

人格停滞是人格受挫不再发展而停留在某一阶段的问题。例如，上面案例所讲的27岁女士的人格一直停留在6岁不再发展，之后她一直稳定地表现出幼稚、依赖、适应不良等特征。

人格倒退则是指由于个体遭遇挫折而暂时返回到人格的低级阶段，之后，人格又会继续发展。例如，两个成年人因一点小事争吵而发展到谩骂、打架、哭闹的程度，这不是成年人处理问题的方式，而是儿童会使用的方式。虽然两个人在平时都会表现出成熟、理性的人格特征，但是在挫折状态中会失态，行为反应倒退到儿童期的方式。这种反应多是一种暂时的、在特定情境中才出现的行为，也称为"返童行为"。

人格停滞与人格倒退的共同点都是表现出幼稚的行为方式，但是人格停滞的人其人格从未发展到成熟阶段，一直稳定地处于幼稚阶段不再发展，而人格倒退是人格发展到成熟阶段后又暂时倒退回幼稚阶段，之后又复原到成熟阶段。

那么，是什么因素导致了人格发展的停滞和倒退？

对此最经典的解释来自于精神分析理论。弗洛伊德认为，创伤性事件会导致人格倒退或停滞。人生发展就是不断解决问题的过程，每个人格发展阶段都要解决一个人生问题，当个体具备了某一种解决问题的能力，并能完成某一阶段的任务时，就会顺利过渡到下一阶段，人就是这样一个阶段一个阶段地不断从低级向高级阶段发展。例如，弗洛伊德提出的第一个人格发展阶段是口唇期，这时婴儿是用他/她的口唇吸吮活动在母亲的怀中获得乳汁来满足其生存需求。当母亲满足孩子这一需求时，孩子就会顺利进入下一阶段；如果母亲并不能满足孩子的需求，让孩子温饱不足，依恋欠缺，就会让孩子感到焦虑，孩子的人格就可能停留在口唇期，形成口唇性格，并一直持续到成年。因为他/她一直还在寻求第一阶段需求的满足，之后就可能会偏好与口唇相关的行为，如吸吮手指、吸烟、好吃喝，等等。另外，如果父母对婴儿的需求过度满足，骄纵孩子，也会导致孩子出现同样的反应。孩子不情愿离开这一阶段，为了一直保持被宠爱的状态，也会阻止自己离开这一阶段向更高一级发展，形成依赖型人格。例如，成年期的啃老族，他们不愿自己长大，独立生活，始终让父母养育自己。

人格倒退是个体面对挫折或失败时所采取的一种防御方式，也叫退行性行为，是人为了平衡挫折所导致的焦虑感而采取的一种心理调节方式，使人放弃已经学到的成熟适应方式，而退行到使用早期生活阶段的原始、幼稚的方法上。

如何才能避免或改变人格停滞与人格倒退的状态呢？精

神分析学派的艾瑞克·埃里克森（Erik Erikson）或许给了我们一些解答与启发，那就是他的**人格发展八阶段理论**。

埃里克森将人格发展分为八阶段，人生发展的每个阶段都有一个需要解决的主要问题，处在不同阶段的个体需要解决的问题是不同的。成功解决前一个阶段的人生问题与挑战会促进积极人格的发展，在进入下一个人生阶段时，积极人格会产生积极的作用，帮助一个人更好地完成此阶段的挑战。如果没有应对好挑战，就会转化成人生危机，进而形成消极人格，延续到之后的人生。

因此，我们要先知道在人生历程中，我们会遇到什么样的人生发展问题。

第一阶段为婴儿前期，年龄为 0 到 1 岁半，面对的人生问题是"信任与不信任"，这时妈妈是关键要素。由于孩子弱小，无力满足生存需求，孩子会感到焦虑不安，如果妈妈及时给予喂养与呵护，孩子就会感到安全，信任这个世界，形成积极乐观的人格特征；相反，不称职的妈妈会导致孩子对世界失去安全感，形成焦虑人格，长大后可能会不信任他人和社会。

第二阶段为婴儿后期，年龄为 1 岁半到 3 岁，主要解决的人生问题是"自主与自我怀疑",这时父母是关键要素。孩子会开始学习各种生活技能,希望独立走路、说话、吃饭、玩玩具、做事等,如果父母教给孩子技能,指导他独立做一些事情,孩子就会形成自我控制、独立自强的积极人格;如果父母不去训练孩子的生活技能,或者包办代替,这种对孩子自主需求的忽视,会让孩子感受到危机,怀疑自己是否有能力,导致孩子形成失控、依赖等消极人格。

第三阶段为幼儿期,年龄为 3 到 6 岁,面对的人生问题是"主动与内疚",孩子这时会主动探索周围世界,充满了创造性和想象力。如果父母鼓励孩子的探索精神,孩子就会形成主动、有创造性的品质;反之,如果父母嘲讽孩子的幼稚,就会让孩子对自己形成无价值感。

第四阶段为童年期,年龄为 6 岁至 12 岁,人生问题是"勤奋与自卑",个体主要完成学习任务。努力勤奋会给学生带来高成就,让学生养成努力、进取、自尊的好品质;相反,学生学习不努力或学习困难,难以获得好的学习成就,总是感受到挫败感,就会让学生形成自卑、无助的消极人格。

第五阶段为青春期,年龄为 12 至 18 岁,面对的是"同一性与角色混乱"的人生问题，这时个体开始思考自我，比如，我是一个什么样的人，我能够干什么，我的未来是怎样的，等等。个体获得了自身各方面相互一致的自我概念后，就达到了同一性，成为对未来有明确发展目标并能实现目标的人；反之，没有思考清楚这些问题的个体会带着混乱、迷茫进入后面的人生阶段，会出现任性、颓废、敌对、攻击等特征。成年人出现任性、敌意，是童年人格不恰当地延续到成年人格的表现，没本事还任性就是失去同一性的表现，有本事又任性是敌对表现，也属于没有达到自我同一性。

第六阶段为成年早期，年龄为18至25岁，面对的人生问题是"亲密与疏离"。获得良好的人际关系或亲密关系的人，会有效地融入工作与社会中；不能建立有效关系、不能获得爱的人，会变得孤独、冷漠、离群索居，否认自己需要亲密感。

第七阶段为成年中期，年龄为25至65岁，面对的是"再生力与自我关注"的人生问题，这一阶段的人要生儿育女，为孩子的健康成长提供条件，努力并创造性地工作，关注家庭和社会。否则，就会导致自我关注，生活停滞，缺少希望和未来感。荣格和埃里克森都在这一阶段提出了"中年危机"的问题，一个人在这时会重新评估自己，思考人生的价值，他会发现年轻时认为重要的许多目标已不再值得追求了，那么人生价值在哪里？活着为了什么？许多人可能以优选的方式重新建构自己的生活，决定在剩余的岁月里什么事情是最重要的。

第八阶段为成年后期，年龄为65岁之后，面对的是"自我完整与失望"的人生问题，自我完整的人对人、对世界更豁达，对人生有圆满感，能接纳生命的衰退，坦然面对死亡，成为智慧、超然的人；相反，一个人若无法应对退休和衰老，感到无用和沮丧，惧怕死亡，就会产生抑郁或厌世情绪。

也许有人会问："人一定要完成某一阶段的任务才能进入下一段吗？"

关于人格发展八阶段的理论，关于一个人是否需要完成所有的阶段任务才能达到自我人格的完整，目前存在着一定争议。但作为弗洛伊德人格发展五阶段理论的延续与完善，该理论的意义并不在于是否清晰划分了个体人格的发展时间，而在于对个体毕生发展的理论贡献。其实，我们可以把人生发展的阶段看作个体成长的必经之路，完成得好与坏其实并无全然准确的评判标准。我们不妨将人生看作一款不断闯关的游戏，每完成一关都能填充一定数量的能量槽（例如三个能量槽）。每一个阶段完成得更好的人，可以填满全部的能量槽。当人生结束时，希望那些被填满的能量槽，会让你更加满足与欣慰。

——拓展材料——

推荐影片：

《吮拇指的人》

每个人的青春期都或多或少有过迷茫、躁动、愤怒和困惑。电影主人公贾斯汀有着吮拇指的幼稚习惯。贾斯汀一直想要克服这个难缠的习惯，其实这个习惯只是青春期困惑的一个缩影，其他的困惑还包括性和家庭等。隐藏在改变这个习惯意愿之下的是，贾斯汀对成长的不自觉的渴望。每个成年人都可以在这部电影中找到自己曾经的影子。

| 第五部分 |

一眼看世界,一眼看自己

人格会决定我的未来人生吗?你只需重新认识你自己。
"不要为了一份工作或者职业而安定下来,要去追寻内心的召唤。"

第 17 讲

自知与他知
乔哈里窗

"一眼观察世界,一眼审视自己。"

在本讲开始先分享一个画家的故事:

意大利画家阿米地奥·莫迪里阿尼(Amedeo Modigliani)是一位英年早逝的肖像画家。他所画的肖像画有一个突出特点,就是人物都是"有眼无珠",或者只有一只眼睛。当别人问他是何用意时,画家的回答耐人深思:"这是因为我用一只眼睛观察周围的世界,用另一只眼睛审视自己。"他说他笔下的人物,看的是自己的内心世界。莫迪里阿尼本人相貌堂堂,双眼炯炯有神,与他的肖像画里的人物截然不同。

其实这正是他对人的一种理解，是他自己内心世界的写照。

一位画家用画笔表达了对人的独特写真，我也被深深地触动了。我们总是用双眼来盯着别人，从而难以自检。留一只更清澈明亮的眼睛看自己，那该是"清者更清，浊者不浊"。莫迪里阿尼的画抛给我们一个值得思考的问题：我们应该怎样审视自己？看外部世界与看内心世界的方式有何不同？

心理学研究发现：自我标准与客观标准是不一致的，我们看别人时常常会更严厉、更客观，而看自己时则更积极、更灵活。有一天，一位正在徘徊于婚姻困境的男士看到了莫迪里阿尼的画，一下子被画中的人物肖像所吸引，那是一张满目沧桑的男人的脸，但只有一只眼。可是，这位男士分明感受到另一只眼在画中人心底清澈地张开着。当男士了解了莫迪里阿尼"一眼观察世界，一眼审视自己"的用意时，他一下子警醒了，男士反问自己：我拿怎样的眼光在审视着婚姻、审视着自己？我以前把过于挑剔的目光放在妻子身上，让我失去了平衡的度量。自我反省后的丈夫又回到了家庭。

所以，人们在自我认知上会出现偏差，挑剔别人，宽容自己。正如心理学教授谢利·泰勒（Shelly Taylor）所说："我们所真正相信的自我画像，在用言语自由表达时，完全会比现实中表现出的自我更积极。"

弗洛伊德曾说:"把你的眼光向内转,看看你自己的内心深处,先学习了解自己。"当我们坐在窗前看外部世界的风景时,也要反观一下我们自己的内心世界。我们应遵循弗洛伊德的话语,学习一下自我理解的知识。

在现实生活中,如何"一眼看世界,一眼看自己"呢?

先给大家介绍一下"乔哈里窗"。

乔哈里窗是由乔瑟夫·勒夫(Joseph Luft)和哈里·英格拉姆(Harry Ingram)在20世纪50年代提出的,它用一种形象的方式解读了自我探索的过程。每个人的自我都包含四个方面,每个方面的自我显示路径是不同的。乔哈里窗由两个维度构成:一个涉及自知,就是"自己知道或自己不知";另一个维度涉及他知,就是"他人知道或他人不知"。这两个维度结合形成四个区域:开放区、盲区、隐秘区和未知区(见图17-1)。四个区域的大小因人而异,而且是可以变化的。

第一,开放区。这是"你知我也知"的部分,这是最安全的区域,存放的是自我的最基本信息,不用设防,也是个体希望别人多了解的信息,例如学习工作经历、才华等。**心**

理健康的人会不断地扩展开放区，一个自信的人也不在意某些缺点出现在开放区。因为他有能力面对缺点，具备较强的自我增强能力。

	自己知道	自己不知
他人知道	开放区（安全区）	盲区
他人不知	隐秘区	未知区（危险区）

图 17-1　乔哈里窗

需要注意的是：开放区的大小与表达是两回事，即使具有同样大小的开放区，其信息表达方式也会因人而异。例如，表演型人格的人有时会不恰当地、夸张式地表达个人优势，处处炫耀自己，会出现过度开放的自我；而谦逊或内敛的人会将自己开放区的信息做适度表现，不愿张扬或不习惯外显的表达方式，但是，有时也会减低自己的影响力。因为开放区是"你知我也知"的区域，所以，无论你是否展现和如何展现，大家都了解你，过度夸张甚至虚假的表现，反而更容易被人识破。

第二，盲区。这是"你知我不知"的部分，是自我觉察不到的地方，就如同我们视网膜上的视觉盲点一样。盲点是视神经穿过的地方，那里没有感光细胞，所以让我们看不见任何东西（视觉盲点是可以测查的，大家可以在网上去查找一些有趣的视觉盲点测查方法）。盲区的存在告诉我们一个道理：我们并不能全面准确地了解自己，但是，我们可以从别人那里了解到我们的盲区信息，因为"他知我不知"。

人格心理学家霍妮在其理论中专门论述过盲点，她认为盲点是一个人对某些经验的否认与忽视。当某些经验与个体的自我经验不一致时，个体可能会忽视或否认它，以防止它对自我价值的破坏。例如，一个自傲的人经常会否认自己的弱点，为什么？因为那个弱点正好处于他的盲区中。当一个人自认为是一个失败者时，他也会忽视自己曾有过的成功经验。盲区的大小与自我觉知能力的强弱有关，盲区容易让人出现自我认知的偏差。一个开放的人，会虚心听取别人的逆耳忠言，修正缺点，缩小盲区，成为有自知之明的人，这也是缩减盲区的有效方法。我们经常会被告诫：忠言逆耳、良药苦口，其实就是针对一个人的盲区来说的。

第三，隐秘区。这是"我知你不知"的区域，里面有个体隐藏起来不愿让外界知道的内心隐私，具有私人化的性质。这里存放的多是自我的弱点、个人伤痛、不想被别人知道或怕别人干扰的信息，甚至可能有邪恶的心思。隐秘区的大小取决于一个人的自我开放程度和人格的阴险性。开放度高的人会把更多的信息放在开放区中，隐秘区就会很小，但是人格太过于通透，像一个玻璃人一样，也会显得社会成熟度弱。而自我封闭强的人会有意识地把自己隐秘区的疆界建成铜墙铁壁，不与外界进行真实有效的交流与融合，他们在与别人交流时，会让人感到一种隔阂与距离感，内心封闭得深不可测。

另外，之前我们也讲过暗黑人格，具有这类人格的人之所以具有欺骗性和掩蔽性，就在于他们将暗黑人格放在了隐秘区。由于隐秘区具有保护性或防御性的作用，如果被外界强制性地突破，就会对个体造成伤害。例如，公众人物的隐秘区相对于普通百姓就会更小些，所以，他们感到总是在聚光灯下，生活缺乏自在性与安全感，对于侵入他们私人生活的娱乐记者会很反感，甚至出现极端的反抗行为。而网络暴力也是过度侵犯个人隐秘区的行为。在人际交往过程中，我们也要注意这一点，不要去窥探他人隐私，伤害他人。夫妻之间也是如此，维持良性的情感状态，需要给予对方一个空间，这个空间可以用来存放被伤害或有关初恋的记忆，因为过往经历并不会破坏婚姻状态，而被强行突破的边界才是情感破裂的关键因素。

第四，未知区。这是"你我都不知"的区域，也是最具挑战或最危险的区域。这里面包含有你未显示出的潜能，也会有让你无法预料的破坏因素，还有被压抑在潜意识层面的人生经历。对未知区的探察的关键是自我探索，需要勇气与力量。敢于挑战未知领域，可以探索出自己的潜能。很多极限运动员就是通过对未知领域的挑战，来确定自己能力的上限。但是，对于被压抑的记忆如何被知晓，弗洛伊德通过催眠可以让它浮现出来。

乔哈里窗向我们展现出一个道理：人贵有自知之明。对于一个心理健康的人来说，他可以有效地运用乔哈里窗，调节各区域间的关系与大小。他会**扩大开放区，缩小盲区，探索未知区，保护隐秘区**，让自我与环境和谐相处。这其中，最重要的因素是自我探索。

——拓展材料——

推荐图书：

［美］汤姆·拉思著：《盖洛普优势识别器2.0》，中国青年出版社，2016。

第 18 讲

生命如同洋葱，剥开伤痛时你会流泪
自我探索

> 自我探索的过程是痛苦的，但结果是令人喜悦的。

苏格拉底说过一句非常著名的话："认识你自己。"这句话说起来容易，做起来难，谁知其中滋味？自我探索是每个人都需要做的事，我们虽然不能像霍金那样去探索物理世界，但是我们每个人都可以探索自己的内心世界。

自我探索是一个走出个人舒适区的过程。有些人愿意待在舒适区中，最典型的是啃老族。还有像藤缠树一样的依赖型人格的人，他们不喜欢经历人格的历练，其心底其实是深深的自卑。

弗洛伊德之所以会成为人格心理学乃至心理学界享誉盛名的大师，其中的一个原因就是他每日都会进行自我思考，从中获取自己从真实的人生经历中体验到的点点滴滴，将其变为他升华人生哲理的素材。在这一点上，所有人格心理学家都有一个一致的观点——**自我探索是一个人一生的工作**。

但是，自我探索的过程是伴随着痛苦与欢乐的，因为人生有喜有忧，特别是自我探索的初期常常是一个与痛苦相伴的历程。我们引用诗人卡尔·桑德堡（Carl Sandbury）的一句话："生命如同洋葱；当你剥掉它的一层外皮，有时你也会为它流泪。"我们多数人会有剥洋葱流泪的经历，因此，诗人桑德堡将生命比喻为洋葱是很形象的——触动心灵，剥开伤痛，会使人流泪。

自我探索的历程究竟是一个怎样的过程呢？多数人述说的经验是，**自我探索的过程是痛苦的，但结果是令人喜悦的**。

那么，自我探索需要经历哪些痛苦的阶段而得以自我升华呢？

第一个阶段是审辨期，第二个阶段是反转期，第三个阶段是成长期。 这些过程将是一个经历"成长痛"的过程。我们知道孩子在青春期的快速生理成长过程中，他们经常会诉说这疼那疼，例如，腿疼、胸疼、肚子疼，等等。其实这就是一种生理的"成长痛"，之后，父母会高兴地看到孩子长高了，长大了，成熟了。心理成长也会经历相似的过程，经历痛定思痛后的人生转折。

在自我探索的过程中，我们先要清楚地回答这样几个问题：①"我是谁"；②"我具备哪些能力"；③"我有哪些弱势特征"；④"我可以突破什么"；⑤"我有能力做什么"，等等。下面，我就用著名的人格心理学家、新精神分析学派的代表人物卡伦·霍妮的一生来说明自我探索的历程。

第一阶段——审辨期。

这一阶段主要任务是**看清自己，找准定位**，要去厘清"我是谁""我具备哪些能力""我有哪些弱势"等问题。我们看一下霍妮是怎样度过这个阶段的。在那个重男轻女的时代，霍妮的家庭环境中充斥着对女孩子不平等的教养态度。霍妮知道，自己是女性，与兄弟之间没有平等的地位，而自己又貌不惊人、资质平平，这都是霍妮成长中的劣势因素。

但是，霍妮并没有屈服于自己先天的基因以及性别歧视的环境，她认为女性并不是在所有方面都差于男性。她第一个提出了女性心理学，她认为男女虽然具有不同的优势，但是，这不是不平等的理由，而且女性与男性的差异很多是后天培养与社会不平等的结果。虽然女性的恐惧感高于男性，力量感不如男性，空间能力不如男性，但是女性的言语表达能力胜于男性，女性更具同理心，更具有生命孕育能力，女性具有男性没有的优势能力。女作家冰心说过一句话："世界上若没有女人，这世界至少要失去十分之五的真、十分之六的善、十分之七的美。"

第二个阶段——反转期。

这一阶段的主要目的是**接纳自身的特点**，包括优势与劣势，关键是寻找自己的突破点，也就是要回答第四个问题"我可以突破什么"。霍妮知道，作为女性需要美丽动人，父亲嘲笑她不漂亮，觉得女孩子读书无用，母亲也更偏爱哥哥，常常冷落了小霍妮。但是，霍妮并未因此而自卑，而是找到自己的突破点，9岁的她发出惊人之语："如果我不能漂亮，我将使我聪明！"12岁，她就决心要进入医学院学习。最终她冲破重重阻力，获得了柏林大学医学院博士学位,而当时拿到这个博士学位的女性寥寥无几。霍妮的奋斗经历体现出她具备强大的心理反转能力,她说:"一个人要想真正地成长,必须在洞悉自己并坦然接受的同时又有所追求。"

第三个阶段——成长期。

这一阶段主要是**自我实现的过程**,遵循自己的人生目标,不畏艰难地去实现它,获取人生成就。这一阶段要回答的是第五个问题"我有能力做什么"。霍妮在职业发展的道路上,不惧困难,艰苦顽强地奋斗。她躲避了纳粹对犹太人的迫害,由德国移居美国,加入美国精神分析学会,后来因为与正统的精神分析的学术观点产生冲突而被解职。这并未使她屈服,她自己创办了美国精神分析研究所,出版了6部著作,本本都是畅销书,包括《我们时代的神经质人格》《自我分析》《我们内心的冲突》《神经症与人性的成长》《女性心理学》《精神分析的新方向》,她的著作也多与自我探索有关。霍妮在她有生之年获得了巨大成功。

霍妮的成功告诉我们一个人生道理:真正的成长是自我探索的过程,而非外力的生拉硬拽;自我探索的过程不是在舒适区享受,而是艰苦奋斗般的努力;自我探索的体验是由面对自我的痛苦向实现自我的喜悦的转化，最终获得自我实现后的高峰体验。

那么，你是否有过痛苦的自我反省体验，是否伴随着后悔、自卑等自我探索过程中的情感阵痛？

其实，清楚地认识到自身的缺陷，对多数人来说是一件痛苦的事情。在这一阶段中，霍妮经历了成长痛。她从小在内心就一直潜藏着深深的"丑小鸭"似的自卑，孤僻的性情又使她很少向别人诉说自己的感情和经历。她从13岁开始写日记，一直写到26岁，其中记录了她在自我探索中的真实内心世界，那是一个年轻的、备受煎熬、焦虑的灵魂。霍妮终其一生都在与严重的抑郁症作斗争，甚至还曾企图自杀，为此她接受过精神分析的治疗，也进行过深入的自我分析。但是，霍妮依靠自我的成长力量战胜了自己的心理疾病，绝地重生。这些个人经历对于她后来的人生成功都产生了巨大的影响，使她进入了成长期，最终成为极具影响力的女性心理学家。

有人会说，自我探索的初期会给人带来痛苦，我为何要进入这种痛苦的心理探索过程呢？成长一定要伴随着痛苦吗？其实，人的成长就是离开心理舒适区的过程，霍妮如果没有誓言般的决心，就会一生自怜于自己的容貌，就不会有之后的卓越成就。

自我探索的成功与否，还有一个关键的要素在其中起到了作用，这就是**问题澄清**的能力。

从常理来推论，在自我探索的过程中，由于意识到了自己的缺陷，进而对自己产生了消极看法，人们会认为自己一无是处，由此出现自卑情绪。然而，一些心理学家的研究发现，事实并非如此，虽然低自尊的人的自我评价不如高自尊者那么积极乐观，但是，他们一点都不消极，事实上，他们也十分积极。那么，低自尊的人，他们的问题出在哪儿呢？心理学家发现，问题出在他们对自己的问题认识不清，与高自尊的人相比，低自尊的人对自己的人格描述不确定，也不稳定。特别是在面对挫折失败与负面评价时，更是如此，他们无法清晰地确定自己。也就是说，当意识到自我与他人或理想自我存在差距时，低自尊的人更容易怀疑自我，对自我人格产生怀疑。今天，被别人夸奖了自己就高兴；明天，被别人批评了自己就伤心，心无定力，缺少对自己的稳定态度，生活在别人的评价世界中，没有了别人的评价，就失去了自我。由此可见，是否能够对自我问题进行准确认知，是十分重要的。

那么，如何才能提升澄清自己问题的能力呢？有以下几种方法。

一是在与别人的比较中理解自己。这是一种客观的方法，在与别人比较中确定自己的位置与形象，也可以与理想标准或榜样人物比较。比较是为了找出差距，自我提升，而不是自我贬低，所以要特别**防止出现"人比人气死人"的现象**。

二是从别人的态度中了解自己。别人的态度是一面镜子，可用其观测自身。如果你受到了朋友的敬佩、领导的器重、同事的信任，就说明你具备了一些令人喜爱的人格品质。但是，你可能也会遇到"哈哈镜"，出现失真的反映，在这种情况下，你可以**参照多个镜子**来调整对自己的形象的认知。

三是在与自己的比较中了解自己。与自己的过去比，你只要在进步，就说明自我在发展，这时**无须太在意别人的成就**。虽然你的进步可能不如别人快，但是，只要你努力过，也有收获，就要肯定自己。

自我探索是一个有难度的工作。我们用人格心理学家荣格的一段话来说明这一点,荣格说:"人格如同一个浩瀚而神秘的系统,一个人的内心世界就像宇宙一样。人生最伟大的探索就是内心世界的探索。这种探索是一项终生的事业,因为每个人生阶段,都伴随着外在环境的许多变化,以及人格自身的内在变化。人类最珍贵的属性之一,就是能够自我反省;人生最大的喜悦就是自我探索。"

——拓展材料——

推荐影片:

《樱桃的滋味》

一个厌弃生命的中年男人,在樱桃树下挖了一个坑,准备埋葬自己,他想寻找一个能够帮助他自杀的好心人。在遇到形形色色的不同人后,他又独自回到樱桃树下,回味一天的境遇,发现生命的滋味宛如樱桃般美好。

第 19 讲

你不可被教
自我觉知力

"生命的幅度取决于你对自己有多少觉知。"

在自我探索过程中，成功实现心理反转需要一个条件，这就是自我觉知力，或者叫自我感悟力。伽利略曾用朴实的语言说明了这个深奥的道理，他说："人不可被教，只能帮助他发现自己。"

自我觉知力是一种不断扩展乔哈里窗中自知区域的能力。我们经常说："当局者迷，旁观者清。"童话《皇帝的新衣》也说明了这个道理。所以，自我觉知力就是会让当局者清的一种自知能力。

我们先来明确一下第一个问题：**自我觉知力高低不同的人有何差异？**

自我觉知力高的人，更关注自身，偏好内省，表现出思维敏锐、觉知准确、自我调控能力强、言行举止恰当、人际宜人性高等特征。相反，自我觉知力低的人，会表现出不自知、否认不足的特征，或者自以为是，抵抗与自我认知不同的观点，换位思考能力差，不顾及他人感受，言行举止不当，因而容易产生人际冲突，社会适应不良。由此可见，我们都希望做一个自我觉知力高的明白人。

下面我们解答一下第二个问题：**为什么说"人不可被教"？**

有人会说，我们从小到大都是被教出来的，一个不懂事的孩子常常会被人训斥为"缺少调教"。人就是在教育环境中长大的，我们从幼儿园到大学，需要在学校接受至少19年以上的教育，好的教育造就好的人才，不教怎样成人？

在回答这个问题之前，我们先来看一下教育的发展性原则。教育对人的作用有一个转折点，就是逐渐由"他控"转化为自控。教育的"他控"作用就是在孩子心智不全的时候，要靠外部的教育力量使他沿着恰当、健康的路径发展，到了孩子心智逐渐成熟时，就不能总靠外部制约力，而是要靠自我的调控力了。人生之路是一个逐步走向独立自主的成长过程，独立思考，独立做事，独立生活，独立工作，独立面对各种挑战等。父母和老师不会是孩子人生永远不离不弃的监护者。

"人不可被教"所表达的真正含义是：当一个人通过他控方式具备了独立思考与独立行动的能力后，教育就要开始启动一个人的自我教育能力；之后，在其人生历程中就要由自控机制来起主导作用了，否则，人就会处于一种人格发展停滞的心理幼稚状态中。教育的最终目的，不是一直搀扶着孩子走，不是千叮咛万嘱咐，而是将其扔进游泳池中，让孩子在扑腾中学会游泳。所以，教育的真谛是"帮助孩子发现自己"，使其具有独立思考人生的能力，设计自己的生活道路，努力朝向自我实现的目标行进。这是一种创造性的生活取向。

人格心理学家埃里希·弗洛姆在论述理想人格时，特别强调人要具有创造性的生活取向和创造性的爱。弗洛姆在《理性的挣扎》（*The Sane Society*，也译为《健全的社会》）一书中描述了心理健康的人："……生活的目的是活得热烈，充分地诞生，充分地觉醒。从婴孩的层面浮升到确认自己有限而真实的力量……他能够热爱生命，而又能够无所畏惧地接受死亡；能够容忍生命中的无常，而同时又对我们的思维和感觉，深具信心；能够独处，又能具有宽广的胸怀。精神上健全的人，是以爱、理性与信心来生活的人，是尊重自己与他人生命的人。"

紧接着第三个问题是：**我们如何才能提高自我觉知力，使自己成为一个人格成熟健康的人？**

要想提高自我觉知力，你要了解自我觉知的三个阶段：

其一，反观内心。

自我觉知能力是个体依据内在的信息源做出准确的自我判断与评估的能力。人们自我觉知的路径是这样的：人经常总结自己的行为，从而推论出自己的态度或特征，比如，你因为经常听音乐而意识到你喜欢音乐的自我信息；你因为经常去自习室自习而得出你努力学习的自我概念；你也会在考试时感受自己的焦虑情绪从而得出你有考试焦虑的特点；你遇到心仪的异性，会心跳加速、呼吸急促，脸上泛起红晕，情绪激动，你推断你是喜欢上了这个人。一个人要善于从自己的言行中总结出自我的特点，对自己做出恰当的评价，比如，我是一个热爱音乐的人，我是一个学习刻苦勤奋的人，我是容易受考试焦虑困扰的人，等等。

其二，自我反思。

自我觉知可以让人从自己的思考中得出信息。 通过反观内心获得自我的信息后，还要进行自我分析。自我概念的确立可以是通过思考得出的，甚至是思考本身。这时，人们对自我的思考更深刻，会涉及一些深层的人生问题，例如，自我发展的人生规划，自身的局限与自我发展要求的差距，我的人生之路该怎样走，我该怎样提升与完善自我，等等。在20世纪50年代和60年代出生的人都会记得一本流传甚广的小说《钢铁是怎样炼成的》，主人公保尔·柯察金有一句话曾触动过当时很多年轻人的心，这句话是这样说的："人的一生应当这样度过：当回忆往事的时候，他不会因为虚度年华而悔恨，也不会因为碌碌无为而羞愧……"有了对自我的反思，人们才能进行自我探索与自我觉知，这是一种触及人生问题的深层心理探索过程。

其三，自我验真。

自我验真是要验证自我觉知的真实客观性。 自我觉知能够发挥其作用，需要一个重要条件，即自我觉知的有效性。

自我觉知是个体对自己的一种**真实**的关注状态。确定自我觉知有效性的关键是对自我信息理解的真实性与准确性。

当自我信息准确真实时，我们就能够有效思考问题，正确评价自己，行为准确恰当。但是，自我觉知会受到很多因素的影响而失真。其中一个最重要的影响因素是归因，归因是对行为或思想产生原因的解读，不同的人对同样的行为、思想以及情绪可能会有不同的解释。有的人习惯将成功归因于自我因素，例如靠自己的智力获取的成功，而将失败归因于外部因素，例如运气不佳，"这次考试运气不好，难题都让我碰上了"。另一些人的归因则相反，常常将成功归因于外部因素，"我这次考试过关了，老天爷真是瞎了眼"，而将失败归因于内部的自身原因，会因失败而怀疑自己的能力，"我这次数学没考好，因为我数学能力差"。一个人对事物或人做不恰当归因会导致其自傲或自卑。

特别是自卑的人，容易出现"自我服务偏差"。这种自我服务偏差是把成功归因于自己而把失败归因于他人，比如将在考试中得到的好成绩归因于自己的努力或智力，而将不及格归因于老师没讲明白，考试题目太偏，考场太乱，身体不舒服，等等，找一个合理的理由为自己的失败做开脱就是自我服务偏差。**它属于一种心理防御现象，有意使用不真实的自我信息，来防止不利于自己的评价出现，以防伤害到自**

尊。自我服务偏差是一种自欺欺人的自我觉知，失真地制造一种自我的心理舒适感，维护脆弱的内心世界。这实际会导致自我觉知的功能失效。

最后，第四个问题是：**自我觉知的作用有哪些？**

霍妮认为健康人格模式是自我探索与自助功能。

首先，自我觉知是健康人格的重要部分，自我分析可以让我们清晰地理解自己，经营和管理我们的力量，制订自我改善的计划，将自身孕育的潜能释放出来，并有效地安排实现潜能的情境，使我们往成长和胜任的方向迈进。所有这些，都是建立在对真实自我的觉知的基础上的。

其次，自我觉知具有自助的功能。人格心理学家霍妮认为，无法自助的人才会借助心理治疗，而健康的人会借助自我与生活本身的自助功能。自我觉知力高的人，会将自我觉知与生活紧密连接在一起，而不是空想。一个人如果能够从其生活中所遭遇到的正面和负面事件中学习到许多宝贵经验，进行自我反思，就能够为其后面的人生提供经验的积累。坦然面对自我，积极面对人生，是自我觉知力高的人的生活取向。人生阅历体验会让我们更丰富地理解人生。人们获取生活经验的途径是多样的，一方面可以统合自己的经验；

另一方面也可以撷取别人的经验。比如,我们既可以总结自我的经验教训,也可以从别人那里学习许多经验,帮助我们了解自己,与他人共享经验和互相扶助。任何人都无须亲自尝遍人间困苦,不要犯别人的错误也是人生的智慧。霍妮坚信,每一个人都能运用存在于自身的建设性的成长力量。

最后,我们也要防止过度自我觉知所产生的问题。例如,过度自我觉知的人,在压力情境中更容易出现焦虑情绪,更容易自责,把别人造成的问题揽在自己身上,他们在从对自身的思考转向对外界环境的思考时会出现转换困难。

综上,生命的幅度取决于对自己有多少觉知。自我觉知力高的人,会将自己的人生引上高峰,自我觉知力差的人会出现自我提升困难。

——**拓展材料**——

推荐影片:

《双面镜》

聪慧的罗斯与腼腆的数学教授结为夫妻,但是二人始终保持着柏拉图式的精神恋爱。妻子罗斯在自我觉察后改头换面,让夫妻二人开始了美满的生活。

第 20 讲

如何从焦虑中撤回到内心世界
静入心灵

"别走太快,等等你的灵魂。"

在物质日益丰富的时代,人们却感觉到精神世界的匮乏,为什么现在一些人出现了"空心病"?

首先,我们用一只眼看看外部世界的变化,再用另一只眼看看我们内心的变化。

20 世纪,世界进入了一个快速发展的时代,工业化生产逐渐取代了农耕;进入 21 世纪,AI 技术又冲进人们的生活中,每个人都成为社会机器的一部分,人被卷入到环境的漩涡中,失去了自我。由卓别林主演的电影《摩登时代》就说明了这一现象，电影描述了一个被大机器工业时代异化的小人物命运，他被生产线吞噬的情景令人嗟叹。故事发生在美国20世纪20年代经济萧条时期，卓别林饰演工业社会中一个不幸的工人查理，他在工厂不停地干活，直至出现精神异常而发疯，这一切都与当时的社会环境给人们带来的心理危机有着密切的联系，人就像机器人一样，只要执行指令，无须思考和创造，使人成为弗洛姆所描述的"机器人化"。

同时，当今社会又是一个VUCA时代，即不稳定（volatile）、不确定（uncertain）、复杂（complex）、模糊（ambiguous）的时代，人们的心理常常跟不上社会的快速发展与变化，人们需要不断地去适应环境变化所带来的心理要求，因而出现了心理枯竭的现象，身心疲惫不堪。

当我们再用另一只眼反观这种环境下的自我时，这个世界又让我们的内心世界产生了什么样的改变？

在现代化的进程中，我们的生活方式发生了改变，快节奏的生活，碎片式的信息，使人们成为失去心灵自由的人，使得人们失去了静静沉思的时间，失去了独享思考的环境。在倡导高效率的社会运行体系下，时间显得更加珍贵了，我们常常要分配注意力,来一心两用,一边做着一种事情,同时也想着另一件事情。以前,我们常常说"分心无术",现在我们变得"分心自如"。年轻人会同时干不同的事情,一边聊天一边看微信,一边工作一边听音乐,一边上课一边上网,人们越来越失去安心做一件事情的心境,而把这种分心生活视为正常。人由此变得浮躁、浅薄、无序。这种一心多用的状态,只适合于浅层结构的知识,这种知识速学速忘,停留在记忆层面,让人无法进入深层思考,更无法融入有深度与厚重感的生活。我们在现在的生活中,远离了静心式、独享式的思考方式,远离了那种全身心投入的忘我学习状态。我们被互联网所控制,被智能手机所控制,被平板电脑所控制,我们对这种被控制的生活状态习以为常,当没有了这些东西,我们会感到心神不定,变得焦躁不安。当代人类进入一种被生活所迫、被工作所迫的被动生存状态中,失去了主动建设生活的过程,特别是失去了与内心自我的对话时间,找不到自己的内心,更不清楚自己的心之路在哪里。每个人都会被这种空心的焦虑所困扰,无法抓牢生活。一些人的眼里只有金钱与权力,看不到善良与真诚。

外部世界的变化给人类带来了心理冲击,早在19世纪,人格心理学家就开始对这种现象进行研究。霍妮早就看到了社会现代化会给人们生活带来普遍的社会焦虑，并渗透到家庭中的亲子关系中，父母会将焦虑传递给孩子。她将研究主题确定在社会焦虑与对安全感的追求上，写出了《我们时代的神经质人格》一书。弗洛姆在《逃避自由》一书中也分析了这一现象。早期农耕时代，虽然经济不发达、社会发展迟缓，但竞争不激烈，生产方式和社会关系限制了人们的自由，但反而使人们有安全感。但是，随着社会迅速发展，民主制度的崛起，人们在很大程度上可以自由地决定自己想做的事情，可是却意外地感受到了很大的困扰，社会生活方式变幻不定，社会竞争激烈，各种危机此起彼伏，让追求自由的人们无力独自面对挑战，并以身心疾病作为挑战压力的代价，人们无法享受辛苦得来的自由，从追求自由的状态走向了逃避自由的状态。

那么，在这个焦虑的时代，我们该如何从外部刺激的控制中撤回到内心世界呢？

撤回内心世界并不是逃离现实，弗洛姆提出了"积极地自由"，即以一种自主、独立、创造的方式生活于现实中。现代网络社会让我们产生了一种生活错觉，把依赖于工具的被动生活方式视为便捷、放松和舒适，而把与心灵对话视为负担，把"静心"视为浪费生命。但是，现实又常常事与愿违，便捷生活并没有让我们心理轻松，我们越来越感到内心的焦躁不安；便捷让我们舒适的大脑越来越钝化，停留在低水准的运行中，碎片信息让我们越来越失去思考的统合能力，使我们的思考变得肤浅、苍白。躁动的社会让人无法静心。荣格与埃里克森提到过中年危机的问题，其实中年危机就是一个回归内心的转变过程。

那么，回归内心的条件是什么呢？

第一个条件——以宁静的心境反观内心。

静入心，动入行。静下心来看内心，才能有深思，才能感悟。人格心理学家认为，只有内观自我，才能洞察人生。白岩松曾经写过一篇文章，题目是"别走太快，等等你的灵魂"。他说，中国人似乎已失去了耐性，别说让生活慢下来，能完整看完一本书的人还剩多少？文章中表达了他的强烈主张——静心思考人生。

在《这个世界会好吗：梁漱溟晚年口述》这本书中有一段梁漱溟先生的话，他说："人类面临有三大问题，顺序错不得。先要解决人和物之间的问题，接下来要解决人和人之间的问题，最后一定要解决人和自己内心之间的问题。"

那么，如何才能内观心灵呢？其实有很多方法。

第一种方法是反省吾身。人格心理学家都有一个生活议程，就是每日反省吾身。有人也会喜欢写日记。每天给自己留出一段反省、反思自己的时间，对你、对未来都有好处，对你的人生方向的调整也有帮助。

第二种方法是阅读。特别是精读名著，因为阅读是明智人生的基础。现代人生活在碎片化的信息世界里，看手机不看书，这样会失去认知自我的完整统合性。人生是一个系统，不能碎片化，碎片化的知识会使人片面地理解事物与人生。阅读可以让你把散落在地上的珠子串起来。人格心理学大师的一个共同特点就是偏爱阅读与学习，他们个个是"学霸"。人本主义人格心理学家马斯洛和罗杰斯，在童年时并不快乐，孤独、自卑伴随着他们，但是他们把大量时间消磨在图书馆里，看所有可能看到的书籍，他们是在书堆里长大的孩子。早期这些知识的积累，以及无人干扰的静思环境，让他们对世界、对人生产生了独到的思考与见解。阅读是可以启动你触摸到心灵的思考的基础，具有铭刻一生的影响力。

第三种方法是写墓志铭。我在给本科生上人格心理学课程时，每到清明节，我都会让不到 20 岁的大学生们写下自己的墓志铭。看着学生们瞪着双眼、张大嘴巴的惊愕表情，我会给他们讲墓志铭的作用。为自己写下墓志铭，就是引导你去思考人生，对于年轻人来说，墓志铭是在为自己的人生确定意义。因为，没有人会替你确定人生的意义，如果你自己都无法确定人生的意义，你将一辈子活在无意义的麻木状态中。大到每一天，小到每做一件事，你都会感到茫然，因为你不知道往什么地方走，该如何走。所以，每个人都要为自己的人生确定意义。每次读着学生们写的墓志铭，孩子们对人生的深刻思考真的让我惊讶，每次我都会体验到心灵的震撼，能看得出他们是认真思考后写出来的。"90 后"不是没有深度思考的能力，而是没有启动他们对人生的深度思考。

第二个条件——注意力分配的有效性。

对于时间紧迫的现代人来说，一心二用可以节省时间，提高效率。例如，很多年轻人一边健身一边听音乐；飞行员在空中操控时，要注意云层的变化，要注意不明飞行物，要注意仪表的运转情况，等等。飞行员需要一心多用，但是他们的各种操作已达到熟练水平，所以他们能够应对突发事件。从注意力资源的角度来讲，"一心二用"这种注意力的分配是有条件的。在同时进行两种以上活动时，只允许有一种活动是不熟悉的，其余活动要达到自动化的水平，减少注意力资源的使用。例如，健身时，在跑步机上跑步是一种自动化的运动，无须太多注意力，那么你就可以将注意力集中于听广播上。但是，如果你一边工作一边听广播，就会将注意力分散到两种非自动化的活动上，不能专心工作。这种"一心二用"就会形成低效运作，心不在焉，浪费时间。

所以，对于需要深度思考的事情，最好的状态是全身心的投入，自我探索常常需要全神贯注的投入状态。

安抚焦虑的心是很多现代人希望的状态，但是人们常常认为时间不允许自己静下来。其实，每周或每月给自己挤出一点静心（与平时反向的生活方式）的时间，才是滋润你枯竭身心的良方。

——拓展材料——

推荐图书：

［美］卡伦·霍妮著：《我们时代的神经质人格》。

| 第六部分 |

接纳自己,塑造自我

自我重塑的方法论让你接纳不完美,因为不完美才是常态。
"不是所有的人生不幸都会造成苦难与失败。"

第 21 讲

镜中画像

人格的主体我与客体我

每个人都喜欢自己最熟悉的那张脸。

下面先给大家介绍一个有趣的心理学研究：这是关于一个人对自己头像反应差异的研究，研究者先给一些大学生照了相，并让他们自己和他们的朋友评价这些照片。每个人都有两张照片，一张是拍出来的原版照片，另一张则是做了镜像反转处理的照片，也就是把照片进行左右翻转（见图21-1）。结果学生本人更喜欢镜像照片，就是被翻转的照片，因为这是他们平时在镜子里见到的自己的样子，是他们所熟悉的。而他们的朋友则更喜欢原版照片，也就是没有翻转的照片。

研究结果显示，每个人都喜欢自己最熟悉的那张脸。

你自己也可以做一下这个心理学实验，找一张自己的照片，在计算机上将它左右翻转，翻转后的照片就是你的镜像照片，也是你在镜子里看到的自己。看看你是否更喜欢镜像自我。你再将你的两张照片给你的朋友，看看他们更喜欢哪一张？

图 21-1　左边照片是右边照片的镜像翻转

这个现象就是我们今天要讲的内容——主体我与客体我。

美国心理学家厄内斯特·希尔加德（Ernest Hilgard）描述过一种日常现象，他说："坐在理发店里的两面镜子中间，一个影像对着另外一个，你看着我，我看着你，很快，你就会对哪一个自我是在看，哪一个是被看而感到迷惑。"希尔加德描述的这种现象就是主体我和客体我。

我先给大家解读一下什么是主体我和客体我。

从镜子中，我看见了我自己。这其中出现了两次自我：一个是充当观察者的角色——"我"，用英文字母"I"来表示，也就是镜子外边的真实我，这个自我是注意、知觉、思考以及情绪感受的主体；另一个是充当被观察的角色——"我自己"，用英文字母"me"来表示，也就是镜子中的我，这个自我是被注意、知觉、思考以及感受的客体。人们能够把他们自己当作他们所关注的对象，他们看自己时就像在看镜子中的影像。最早提出自我二元性的心理学家是威廉·詹姆斯（William James）。心理学家区别出主体我和客体我的主要作用是：帮助人们有效地看待自己。

客体我的特点

客体我就是镜像我，简单说就是我们像看别人一样看着自己。美国前总统约翰逊曾经这样描述他的客体我："一个随意的人，一个美国人，一个合众国参议员，一个民主党人，一个自由主义者，一个保守派，一个得克萨斯人，一个纳税人，一个牛仔，一个不再像过去和所期望的那样年轻的人。"

客体我包含以下四个方面。

一是物质自我，是包含有我们的躯体、家庭、财产等让我们珍爱的事物的部分。当有人侵占物质自我时，我们会伤心、愤怒、不安。

二是社会自我，是指我们如何被他人看待和评价，包括一个人拥有的社会地位和种种社会角色。心理学研究显示，虽然我们对自己情绪经验的洞察力比他人要强，但是，了解自己可能比了解他人更困难。

三是精神自我，是客体我的核心方面，是心理上的自我，包括我们所感知到的内部的心理品质，例如，价值观、能力、人格等。

四是集体自我，是体现社会文化、民族特征的群体人格。例如，西方国家强调公平竞争，关注人与人之间的差异与个性，强调个人主义；而东方文化倾向于强调合作、包容、共存以及相互关系，强调集体主义。这就是集体自我为客体我提供的文化背景。

上述四个方面共同构成了客体我。人们有时候会通过物质自我的炫耀来提升自己的社会自我，如地位与优越感。例如，我有豪车，我有美丽的容颜，我有品牌服装，等等。有人则用精神自我来提升社会自我，靠人格风骨傲立于社会风云中。

主体我的特点

主体我是我们自己对内心世界的主动觉知，前文所讲的自我觉知力就是一种主体我的作用。主体我的核心是自我意识，它是以什么形式存在的呢？亚里士多德认为，人的本质不是其物理存在，而是他的形式——灵魂，也就是我们现在所说的心灵。主体我是与心灵互动的人格成分，它能够明晰我们自己的发展状态与特征，例如，从小到大，我们从"游戏自我"，转换到"学习自我"，再到"工作自我"和"家庭自我"，等等。这是一种动态自我的发展历程，我们个体会主动地去实现这种人生阶段的自我转换。如果一个青少年或成年人还停留在"游戏自我"的状态中，沉迷于打游戏，不学习，不工作，这就说明他的主体我出现了失控与人格发展停滞现象。

主体我是掌控自己命运的成分，人生决策由主体我来把握。托里·希金斯（Tory Higgins）于1986年提出了"情境化自我"的概念，说明了不同情境中人格运作的特点。例如,"游戏自我"是轻松的、自在的、自我中心的;"学习自我"是勤奋的、思考的、学术的;"工作自我"是严肃的、正式的、负责的;而"家庭自我"则是养育的、给予的和关爱的。这些都是各种情境中自我应该表现出的特征,通常在正常人身上,这些情境化自我可以彼此独立,互不干扰,但有时这些存在于一个人身上的不同类型的自我会发生冲突,例如,现代人在高压力状态下,会出现家庭自我与工作自我的冲突,"忠孝难两全",等等。

要有效地处理好这种冲突,我们就要做好自我重心的选择,确定好人生各阶段的主导任务是什么。再比如,"学习自我"是勤奋努力的,而"游戏自我"是轻松自在的,当个体自我的力量不足,就会变得慵懒,逃避需要付出努力的学习和工作,沉湎于游戏中,人生只会蜷缩在舒适区中,没有了进取与奋斗。主体我可以识别到自我的这些复杂性,协调好不同的情境性自我,从而可以不断强化自我满意感。

主体我与客体我的冲突

再返回到开始讲的"镜中自我"的实验,我们自己都会觉得镜像自我比较好看,因为那与我们每天照镜子看到的形象是一致的，你的朋友会喜欢另一张原版的照片，因为那与朋友每天见到你的形象是一致的。我们都喜欢选择"熟悉的"。所以，主体我与客体我也会出现不一致。当两者出现不一致时，人们会表现出两种态度：一种态度是"走自己的路，让别人说去吧"，强调个体的自主性，而不是失去自我；另一种态度是"听君一席话，胜读十年书"，强调个体的接纳性。具体采取哪种态度，因人而异，因情境而异。当自我信息真实准确时，我们要采取第一种态度；当自我信息模糊或出现扭曲时，我们需要采取第二种态度。

主体我与客体我的不一致是否属于人格分裂

其实，心理学家希尔加德在论述多重人格时，就对其做了准确的区分：正常状态下是"人格分离"，异常状态下是"人格分裂"。人格分离是一种正常心理现象，人格组成元素是多种多样的，在同一个体内会表现出两种或两种以上的人格。而正常分离与异常分裂的根本区别在于，正常分离的个体，其主体人格能够始终意识到分离出去的后继人格的存在，他的"自我"由于某种原因会很清楚地将完整的人格分离成两种以上的人格，而且主体人格作为一个"隐蔽观察者"密切注视着后继人格的一言一行。相反，严重分裂的多重人格是相互对立的，主体人格意识不到后继人格的存在。希尔加德认为，通过对多重人格患者施以催眠干预，可使患者意识到后继人格的存在，并让主体人格与之进行交流，从而使多重人格患者将分裂的人格重新组合。而这里我们讲的主体我和客体我属于正常状态下的人格分离。

总之，客体我如同镜中的被观察者，主体我如同镜外的观察者。客体我可以欣赏我们的外部形象，关注我们的社会评价，明晰人格与社会文化的互动关系；主体我可以关注我们的心灵，主控我们的命运。

——**拓展材料**——

推荐影片：

《蝙蝠侠：黑暗骑士》

第22讲

只有对痛苦不敏感，才能对快乐更敏感
心理雷区

> 给别人一个拐棍，允许他带着伤痛去行走。

我们在日常生活中，经常会遇到一个现象：朋友间聊着天，突然一个人会沉下脸来，或者默默离去，让你一头雾水，不知所措，你不知哪句话说错了，让朋友不高兴。其中一种原因就是你触碰到了朋友的心理雷区。

什么是心理雷区？

顾名思义，**心理雷区就是一个人的心理敏感区，是一个人不愿让别人触及的心理伤痛。**当被触动时，人的心里会隐隐作痛。

先给大家讲一个案例。

一天，大学教授凯特接到了姐姐的一个电话，说他的外甥同他小时候一样，也加入了男生合唱团。凯特听说自己的外甥追随着自己的兴趣后，非但不高兴，反而变得格外地难受。在接下来的几周里，凯特变得越来越抑郁并且易怒，婚姻上也出现了一些麻烦。他并没有把自己这一连串的麻烦和姐姐打来的电话联系起来。

一段时间之后，凯特想起了25年之前遇到过的法默先生，他曾经是男声合唱夏令营的管理员，凯特小时候参加过这个夏令营。凯特逐渐模模糊糊地想起了法默如何在一个晚上潜入他的帐篷，性骚扰了他，但凯特无法确认这段记忆是否真实发生过。他雇了一个私人侦探，走访了当时的夏令营负责人，了解到法默在夏令营出现过对男童的性骚扰行为，凯特感觉到自己被性骚扰的记忆可能是真的。凯特找到了25年前同他一起参加夏令营的12名男孩，发现其他人也经历过性骚扰事件，但都保持着沉默。凯特更加确定自己的记忆是真的，他直接与法默谈话，获取了证据，法默也承认他曾经因为性骚扰男童而丢掉了很多工作。1993年8月19日，法院开庭审理此案，一年后，法默被捕。

一段被遗忘的、沉睡多年的记忆仅仅通过后来的一个电话，就被唤起。一段被唤起的记忆可以让人们遇到障碍，让人抑郁或易怒，却不知道其原因。因为这段伤痛潜伏在潜意识层面中。一段过去的创伤性记忆可以被完全遗忘，但是会在若干年后引起某些心理问题，就像一个随时会被触碰而爆发的雷区。

通过这个案例，我们可以解答有关心理雷区的几个问题。

第一，心理雷区有哪些特征？

一是具有特异性的特征。这是一种与众不同的经历或形象特点，如被性侵、丧失亲人等各种创伤性事件，身高特别高或特别矮，身材特别胖或特别瘦，面部有印记，身体有缺陷，等等。当事人害怕自己的特异性成为被人歧视、嘲笑的特征，心存自卑，防御心理就会很强。

二是具有伤害性特征。心理敏感区中存放的事件多是对当事人有伤害的事件，例如，童年被性骚扰的那些孩子都因怕不断地被伤害而保持沉默。

三是具有易启动性特征。因为容易启动，所以敏感。由于当事人对自己的特征或创伤事件有敏锐的觉察力，所以一个电话就启动了凯特那段创伤性经历，只要遇到相关因素就会让他隐隐作痛，焦躁不安，产生心理障碍，却不知何因。

四是具有封闭性特征。十几岁的凯特无力应对那些具有威胁性的事件，出于对自我的保护，他将事件压抑到潜意识层面，出现**动机性遗忘**，即将事件与生活隔绝开来，封存在潜意识中。

五是储存在不同意识层面中。敏感事件有的会存放在意识层面，也有存放在潜意识层面的。凯特的创伤性记忆被存放在潜意识层面中，所以会让他隐隐作痛。多数人的心理雷区都是自己可以意识到的心理敏感区，例如，我很矮，我很丑，我被人欺负，等等。

第二，心理雷区为何不愿让人触碰？

因为当事人使用了防御方式。防御方式是指当面对挫折与困境时，个体采取的一些使自我免受伤害的保护性方法。心理敏感区的防御方式具有哪些特征呢？

心理敏感区所使用的防御方式分为潜意识层面与意识层面的防御。

潜意识层面的防御的一个共同特征就是启动的都是原始的防御方式，是人们不经过后天学习就会使用的方式，是一种失真的反应，属于不成熟的防御方式。潜意识层面的防御有三种主要方式。

第一种是"非我"的原始防御方式。人格心理学家哈利·沙利文（Harry Sullivan）提出了"非我"的概念。"非我"是由焦虑与恐惧造成的，处于潜意识层面中，所以个体觉察不到。非我包含着人格中那些极具威胁性的、让个体应付不了的方面。例如，小孩子做了坏事，害怕受惩罚，就会对妈妈说"这不是我做的，是我的手干的"，这就是非我。一些年龄小的孩子会使用这种原始的防御方式。

第二种是"压抑"的原始应对方式。压抑是一种选择性遗忘，将不愉快的经历压抑在潜意识层面里，表现出无法回忆。选择性遗忘是一种由心理诱因（通常是令患者悲痛欲绝的事件经历）引起的记忆丧失，这种"失忆"是暂时性的，记忆相关的大脑皮层功能并没有被损坏，记忆只是被暂时抑制，通过催眠等心理治疗后可以恢复。例如，童年的凯特在性骚扰事发后潜意识地使用了压抑的防御方式，这也称为"动机性遗忘"。

第三种是"否认"的原始应对方式。它主要表现为个体不承认自己难以接受的客观事实。例如，不承认家人患了不治之症。

而意识层面上的防御机制是后天习得的方式。这类防御方式是为保护自我不受伤害而采取的一种行为策略,是一种有意识的自我防卫方式。意识层面的防御也有三种方式。

第一种是**"自我设障"**的应对方式。例如,一个学生害怕考试失败,就给自己事先找一个好理由,会说自己昨夜高烧未睡,今天吃了退烧药来参加考试。他给自己考试失败事先设置了生病的障碍,这样万一考砸了,也有一个好理由来防止成绩差伤害到自尊。所以,自我设障是个体为了保护其"有能力"或"学习好"的自我形象,事先为自己的行为安排一种困境的过程,其作用是为了降低焦虑的困扰。

第二种是**"合理化"**的防御方式。个体会找一个合理的理由来解释自己的窘境,以达到心理平衡。例如,一个人没有如愿拿到奖项,为了掩饰尴尬,就会说:"在荣誉面前不争抢,把荣誉让给他人,别人更需要。"他用发扬风格来提升自尊。

合理化有两种心理效应:**"酸葡萄心理"和"甜柠檬心理"**,来源是伊索寓言中的故事。"酸葡萄心理"是把得不到的东西说成不好的,得不到甜葡萄就把葡萄说成酸的。"甜柠檬心理"是指当好的东西得不到,只能有差的东西时,就把自己得到的东西说成好的,把得不到的东西视为坏的。也就是说,甜柠檬得不到,只能拿到酸柠檬时,就把酸柠檬说成是甜的，这是一种用来粉饰失败的方法。例如，一个眼睛细长的女孩子，会说自己具有古典美，这就是"甜柠檬心理"；但是，当她看到一个大眼睛的女孩儿，她会说别人眼大无神，这就是"酸葡萄心理"。

第三种是**投射**的防御方式。个体把自己的问题扩展到其他人身上，认为大家都有同样的问题，这样就会减少自责。例如，一个考试作弊被发现的学生，会说大家都在作弊，只是自己倒霉被发现而已。

上述防御方式的主要特点是，当事人知道自己的弱点，但是会使用一些方法来掩饰弱点，粉饰自我。其实，这类防御方式形成的多是虚假自我，具有自我欺骗性，是一种消极的防御方式。

第三，正确处理心理敏感区的方法是什么？

是"自我之爱"。对缺陷和痛苦做出**心理让步**，从心理上接受了"爱自己"，才是积极的、有效的自我应对方式，这就是"自我之爱"。例如，"我很丑，但是我很温柔。"

"自我之爱"常用的方式有三种。

一是升华。歌德失恋后，想自杀，但是当他听到他朋友因失恋而自杀的消息时，他一下子觉醒起来。他将自己和朋友的经历写成了经典之作《少年维特之烦恼》。这是以积极的方式来化解失败与挫折的态度，而不是躲避与消沉。

二是补偿。通过发挥优势来弥补弱势，或者不断努力去提升短板，就是补偿。人格心理学家阿德勒的生平就说明了这一点，他身残志不残，接纳缺陷，发挥优势，追求卓越人生。

三是幽默。对自己的弱点不躲避，而是以调侃的方式，化解尴尬，提升自我价值。例如，喜剧演员潘长江个子小巧，但是他却幽默地描述自己："浓缩的是精华。"喜剧演员葛优也曾对自己的光头自嘲道："热闹的马路不长草，聪明的脑袋不长毛。"

"自我之爱"可以让"心理敏感区"脱敏，只有对痛苦不敏感，才能对快乐更敏感。**不送走痛苦，快乐就不能进入心理空间。一个人可以带着症状去生活，这也是一种生活态度。**局外人也要避免戳痛别人的伤口，而是要给别人一个拐棍，允许他带着伤痛行走。

——拓展材料——

推荐影片：

《心灵访客》

第 23 讲

设计人生的策略
短板效应与长板效应

> 不是所有的人生不幸都会造成苦难与失败,关键是"不幸"落在哪种人生框架中。

每个人的人生发展道路是不同的,想要做更好的自己,需要有自我建设的能力,也就说我之前所说的人生设计能力。到底如何建构人生?这是很多人格心理学家都阐述过的人生哲学问题,下面介绍几种相关理论。

方向架构理论

人生设计需要每个人对自己的人生搭框架,并选择实现

它的策略。弗洛姆在谈论人生时，说过这样一段话：

"人生必须有意义感和方向，我们每一个人都应该有自己的一套人生哲学，以建立起有意义的价值观和人生目标，从而描绘我们所处的位置，指引我们的行为，赋予生命某种意义，并让我们为之而献身，这就是方向架构和献身的需要。"

弗洛姆描述得很有哲学的味道，简单地说，方向架构就是一个人通过对人生的思考，确定出人生的意义，比如"我希望做个成功人士""我希望做个平凡的好人""我希望做一个创造财富的人"。每个人都会有不同的人生价值评判，选择一种价值后，人们会依据它行走在人生之路上，并且具有为之付出一生的献身精神。例如，舞蹈家戴爱莲为艺术奉献了一生，钱学森为科学奋斗了一生。每个人的人生哲学可能不同，方向架构的内涵就会不同。有人确立的方向架构强调博爱、竞争、创造、理智以及对生活之爱，这是一种符合实际、健康的人生哲学；而有些人的方向架构，则是自恋、毁灭、权力、金钱，它是一种非理性的、不健康的人生哲学。

人们在追求人生发展与选择的过程中，会经历一系列心理过程，例如，选择的迷茫、拼搏的努力、失落的痛苦、获得的喜悦、行动的坚定，等等。

当我们确定了人生的方向架构后，就要依据自己的特点，选择人生发展的路径与策略了。那么，应该如何选择呢？

木桶理论

这个理论说的是，木桶是由多块木板构成的，而木桶盛水量的多少取决于木板的长短，其中决定木桶盛水量的关键因素不是木桶最长的那块板，而是木桶最短的那块板。短板决定了水位的高低，这块短板很低的话，其余木板再长也无法装更多的水，因为水会从短板处流出，所以也称为短板效应。短板效应告诉我们一个道理：我们每个人都应思考一下自己的"短板"在哪里，自己是否受到了"短板"的束缚，而使自身容量无法得到提升？

以下举个例子来说明短板效应的关键作用。在高考中，如果一个学生的数学分数很低，即使他的其他科目都考了很高分，他可能仍然不能如愿上一所名校，这就是短板效应。短板决定了水的高度，数学这个短板就决定了他进入哪类学校的门槛。所以，这个学生要实现自己进入名校的愿望，在考前一定要在数学这门课程上下狠功夫。

是否能够提升短板还需要有附加条件，也就是，这个短板是否可以提升？例如，一个很喜欢化学的学生，因为色盲而无法选择这个专业，色盲这个短板是无法消除的。这时，这个学生就要变换策略，选择那些没有色觉限制的其他科目。

除了上述短板效应之外，还有一个木桶理论的逆定律——长板效应。

长板效应强调的是与众不同的优势效应。在一堆木桶中，我们会一下子注意到，那个高出其他木板的高高的长板。长板效应实际上就是扬长避短策略，一些科学怪人，像爱因斯坦、牛顿、霍金等选择的就是人生长板。在职场上也会存在长板效应。在工作岗位的竞争中，谁会被选中？一定是具有优势与实力的人，也就是说他的能力与岗位匹配，并且超群。这时长板效应就会让人突显出来。

短板效应与长板效应对我们的人生选择都有重要意义。**那么，我们何时选择短板效应，何时选择长板效应呢？**

我们先对两种效应的特点进行一些比较。

第一个区别是**全面性**与**独特性**。短板效应要求全面性，它考察的是一个人的整体性或全面性，局部不能影响整体；同样，一个团队也是如此，不能让一个人拖了大家的后腿。而长板效应表现出的是一个人的显示度或核心力，个体要显示出与众不同的优势，体现他的核心竞争力，姚明的优势是篮球而不是举重。

第二个区别是**发展阶段的不同**。短板效应对一个人的初期发展具有重要意义，例如，基础教育强调人的全面发展，高考遵循的就是这一原则，一个偏科的孩子在高考时就会吃亏。长板效应对一个人的后期发展具有重要作用，当大家都上到一个平台后，就要拼优势与实力了，如果你可以做别人做不到的事情，你有别人达不到的工作实力，你就具有的较强的竞争力。"一白遮百丑"也是长板效应。在《最强大脑》中，选手们的智力较量也是长板效应，同样一个项目，谁更好，谁就能代表中国队参赛，不需要考虑他的短板。

双路径理论

阿尔弗雷德·阿德勒（Alfred Adler）依据自己的人生体验提出了自卑的双路径理论。所谓的双路径，其实就是解读自卑的积极或消极方式，选择用建设性或破坏性的生活方式追求卓越，两条路径的结果是截然相反的。之前我们介绍过阿德勒的人生，他从小残疾、丑陋，心生自卑，但是他并没有被身体的缺陷所击垮，自我消沉，而是选择了建设性的生活方式：自强不息，获得了杰出的人生成就。他选择的策略就是长板效应，另辟蹊径，追求卓越。古希腊伟大的演说家德摩斯梯尼，从小口吃，为了矫正口吃，他口含石头练习说话，最终成为演说家。德摩斯梯尼选择的是短板效应，通过个人不懈的努力，消除弱点，强大自己。

上述这些名人的成功故事告诉我们一个道理，**不是所有的人生不幸都会造成苦难与失败，关键是要看不幸落在了哪种方向的人生框架中**。如果落在积极健康的人生框架中，挫折将会转化为人生进取的动力，如果落在消极颓废的人生框架里，就会使人一蹶不振，听凭命运的摆布。不同的方向框架决定了苦难事件导致积极结果还是消极结果。

我们把双路径理论与木桶理论做个结合，长板路径让我们不断追求优越，短板路径让我们获得心理补偿。

双极整合理论

人格心理学家梅兰妮·克雷恩（Melanie Klein）认为，儿童时期的孩子会将世界分为"好"与"坏"两个截然分离的对立极，不能将对立极整合，这在儿童期可能是正常的。但是，这一冲突如果贯穿于人的一生的话，就是问题，它会让人始终处于冲突纠结之中，这是双极整合缺乏的表现。如果到了成年期，人还是处于分离状态，处于爱与恨的冲突、善与恶的冲突、感激与挫折的冲突、真与假的冲突中，等等，就需要进行心理调整，在他人的帮助下进行自我整合。双极整合缺乏的人会表现出两个特点。

第一个特点存在于短板效应中，叫**"心理洁癖"**。这是一种不能容忍自己短板或者别人缺陷的心态，近似于完美主义。他们黑白分明，没有灰色地带。他们会放大自己的不足，甚至无法忍受自己的缺陷，看到自己不如意的地方，就像看到白衬衣染上了一滴黑墨水一样，会让他们心生痛苦，总是想将污点清洗干净，与自己较真，与别人叫板。他们在人生中，不能带着伤痛行走，更无法产生"与狼共舞"的共存状态。

第二个特点是无法在短板与长板中做出替代性选择。他们具有偏激的人格特征，会死盯住自己或者别人的弱点不放，难以做到扬长避短。特别是对于自己无法改变的弱点，他们会不断地去做无用功，浪费自己的生命。

我们再以舞蹈家黄豆豆的奋斗经历为例。黄豆豆从小热爱舞蹈，但是因为身高不足而三次考学失利，为了实现舞蹈家的梦想，他每天倒吊自己，喝着所谓可以长身高的苦酒，愣把自己抻长了3厘米,考入舞蹈学院。最初他运用了短板效应来获取成功。但是,进入学校后,他的身高仍然不具优势,为了扬长避短,他选择了独舞,显示了其高超的舞蹈技能,凸显了自己的长板。在人生发展的不同道路上,黄豆豆使用了不同的策略,交替使用了短板效应和长板效应,获得了人生的成功。

上述四种不同的心理学理论,说明了人生设计的策略选用,人生要先建立方向框架,要灵活运用短板效应与长板效应,防止出现心理洁癖。

——拓展材料——

推荐影片:
《国王的演讲》
该片讲述了英国女王伊丽莎白二世的父亲乔治六世国王的故事。乔治六世就是那位为了美人而放弃江山的爱德华八世的弟弟,爱德华退位后,他很不情愿地坐上了国王的宝座。然而,乔治六世有很严重的口吃,发表讲话时非常吃力,连几句很简单的话都结结巴巴地讲不出来。幸运的是,他遇到了语言治疗师莱昂纳尔,通过一系列的训练,国王的口吃状况大为好转,随后他发表了著名的圣诞讲话,鼓舞了当时第二次世界大战中的英国军民。

第 24 讲

棉花糖实验的预测效应
延迟满足能力

> "忍耐和坚持是痛苦的,但它会逐渐给你好处。"

心理学中有一个非常著名的实验,叫棉花糖实验。这是针对一种具有人格预测作用的心理能力——延迟满足能力的研究。美国著名的人格心理学家沃尔特·米歇尔(Walter Mischel)通过这个棉花糖实验,检验了孩子的自控能力,并在 50 余年的时间中长期追踪孩子的成长历程。这项研究一直持续至今。

研究发现了一个重要结果:孩童时代的延迟满足能力对

孩子一生具有持续影响。一颗棉花糖可以预测孩子的未来。

在解读延迟满足能力之前,让我们先了解一下米歇尔的棉花糖实验是如何做的。

20世纪60年代,在斯坦福大学幼儿园的"惊喜屋"里,研究人员给4~5岁的孩子做了一个糖果实验。米歇尔和助手先让孩子们选择一种自己最喜欢的糖果,有的孩子选择了棉花糖,有的孩子选择了曲奇饼,有的孩子选择了夹心小点心。研究人员把孩子自己选好的糖果饼干放在了他们的面前,旁边有一个小按铃,然后米歇尔告诉孩子:"我要出去20分钟,如果你想吃糖果时就按下小按铃,如果你能够等我回来再吃糖果的话,你可以得到第二块同样好吃的糖果。"之后,孩子们独自待在房间里,研究者通过单向玻璃可以观察到孩子们的各种反应。20分钟对4~5岁的孩子来说实在是太长了,特别是面对眼前充满诱惑的自己喜欢的糖果,时间会变得更为漫长。缺少忍耐性的孩子迫不及待地吃下了糖果,获得了即刻满足;有些孩子克制了一会儿后,实在无法抗拒糖果的诱惑,多数孩子坚持不到三分钟就吃掉了糖果。但是,有三分之一的孩子一直控制着自己,你可以看到他们内心的挣扎过程,最终为了得到更多的糖果,他们使用各种办法，没有吃掉第一颗糖果，最终等到了第二颗糖果。这些成功抵御了糖果诱惑的孩子，就是延迟满足能力强的孩子，他们也显示出很强的自控能力。

延迟满足能力强也是智力优秀和解决问题能力强的表现。孩子们使用了各种抗拒诱惑的办法让研究者看得热泪盈眶，惊叹于孩子的聪明才智。在那些成功等待20分钟的孩子中，有的孩子会将眼睛从糖果上移开，用放声歌唱来转移注意力。还有一个女孩看着饼干不能吃，痛苦得要掉眼泪，几次要用手去按铃，又缩回了，一次又一次，像跟自己玩，然后通过大笑来转移自己的痛苦，通过低声自语"不要，不要"来警示自己，最终成功。另外一个男孩把椅子从桌边移开，敲打着椅子，眼睛盯着天花板，听着敲打声，通过转移注意力的方法完成了实验。有的孩子像演员一样，通过独角戏表演来消磨时间，也有的孩子像科学家一样，以一种专注的态度操控着小按铃，探索着小按铃有哪些玩法，有效地控制着时间。还有的孩子使用小诡计将夹心饼干小心翼翼地掰开，用舌头一丝不苟地舔着奶油，然后再很有技巧地将饼干的两片轻轻合上，放回盘中，做得天衣无缝，并确认一切与原来一样。他得意地欣赏着自己的杰作，并装出无辜的样子，瞪着充满童真的大眼睛，等着门打开。这些聪明的孩子显示出卓越的解决问题的能力。

从上面的实验可以看出，延迟满足能力就是一种甘愿为更有价值的长远目标，抵御诱惑而放弃即时满足的抉择取向，孩子们在等待期中展示出了智力与自我控制能力的差异。

一颗糖果就可以预测未来吗？

延迟满足能力强的孩子以后的人生是怎样的呢？米歇尔每十年就会对他们进行一次评估，记录这些孩子的人生轨迹，评估他们的学业成绩、职业发展、身体特征、婚姻状况、经济地位、精神健康等。

在青春期，延迟满足能力强的学生具有更强的学习能力与社交能力，他们注意力集中，能抵御住不良诱惑，聪明、独立、自信、自律、坚韧、计划性强，在美国的"高考"（SAT）中获得了优异成绩。坚持时间最长的前三名（也就是延迟满足能力强的孩子），他们的总分高出后三位（延迟满足能力差的孩子）210分。

在25～30岁阶段，他们有更高的受教育水平和社交能力，有更好的身材（体重指数低），有更好的自我价值感,具备更强的社会适应能力、较强的应对压力和抗挫折的能力。

在人到中年,40岁之后,他们没有成为身材肥胖的油腻男,没有吸烟、喝酒成瘾等恶习,有更多人生成就。特别是科学家对他们的大脑进行的研究发现,延迟满足能力强的人,他们的大脑前额叶皮层区更为活跃,这个脑区是负责人类高级思维和自控力的区域,而延迟满足能力差的人,他们的中脑皮层更加活跃,这个脑区是负责人类原始行为的,例如,人的欲望、快感和成瘾行为等,所以他们更容易产生失控行为,无法抵御诱惑,容易对游戏、毒品等上瘾。

另外,我们还要关注一个现象:延迟满足能力并非会体现在一个人的所有方面。有些人在他的杰出领域中表现出自控力,但是在其他领域中却表现出失控行为,例如,克林顿任总统时的绯闻事件就说明了这一点,聪明人也会做傻事。这类人具有优于常人的自控力,否则他们不会成功。但是他们只将自控力用在他们认为重要的关键领域中,而在其他领域就会放纵自己。在高校中也会出现这种现象,一些刻苦学习、成绩优秀的学生,会做出投毒、自杀的行为。

对于延迟满足能力差的孩子,我们可以改变他们吗?下面一些方法可以让1分钟也不能等的孩子成功地等待20分钟。

方法1:远离刺激。蒙住眼,或者不看糖果,或者用手挡住糖果,或者推开糖果,也可以离开糖果,远离刺激,会降低诱惑。

方法2:分心策略。做别的事情,唱歌跳舞做游戏,自娱自乐,转移注意力,让孩子学会从痛苦的感觉中移开,引导他关注愉快的刺激或活动。

方法3:抽象化。将糖果换成照片,或者将实物想象为照片,或者将棉花糖想象为白云、棉花、不能吃的东西,也会降低糖果的诱惑力。

方法4:降低效价。将糖果与一个坏事物建立连接,例如,吃糖果,就会影响吃饭,不能长高个子了,通过与一个负效价的事情的联结,产生恐惧或焦虑,来降低糖果的正效价,减少刺激。

其实,米歇尔本人自控力很差,他少年时开始抽烟,等他意识到吸烟有害时,已经无法戒烟了,他每天至少要抽三包烟，一抽便是几十年，像成瘾者一样一次次地戒烟失败。直到有一天，他看见一个身患癌症将不久于世的病人时，他被震撼了，想到自己抽烟将是同样下场时，这一画面在他脑海里久久无法散去。从此之后，只要他拿起烟，就会想到那个画面，香烟慢慢变成了令其厌恶的东西，他从此再没吸过烟。

但是，我们还要防止过度的延迟满足，因为它会让人像缺乏延迟满足能力一样毫无建树，后悔或悲哀。在一些极端或特殊环境下，延迟满足会让我们丧失机会，一无所获。当这个世界充满了不可控的激烈竞争的因素时，比如，通货膨胀、企业倒闭、资源匮乏、人际失信等，延迟满足会使人丧失资源，失去未来。换句话说，10个人等着一碗粥喝，没有更多的粥让你等待，不去迅速抢粥喝就会饿死，这时延迟满足就不具备生存效应了。

综上所述，延迟满足能力具有对未来人格的预测能力，这种能力的核心特征就是自控力高。这一能力从小就可以鉴定出来，如果不加强教育干预，会持续影响孩子一生。所以，对于延迟满足能力差的孩子，我们要给予特别的关注，让他学会用不同的方法来提高耐性，延迟满足。

——**拓展材料**——

推荐图书：

［美］沃尔特·米歇尔著，任俊/闫欢译，《棉花糖实验》，北京联合出版公司2016年版。

《棉花糖实验》是一本关于自控力和意志力的书。自控不仅是一种可以培养的能力，更是你自己的选择。

| 第七部分 |

三种人生，共筑未来

讲述决定未来的人格力量。你想拥有怎样的人生？
"每一种人生的失败，都会让你付出心血。"

第 25 讲

乐观决定幸福人生
人格金三角之一

> 乐观者在苦难中会看到机会，悲观者在机会中会看到苦难。

乐观、坚韧、希望是人生发展中重要的人格金三角（见图 25-1）。乐观决定幸福人生，坚韧决定成功人生，希望决定有效人生。

那么，乐观是如何决定幸福人生的？

以下是一个小男孩的故事。

在公园的小道上，一个穷苦的妇人带着一个五岁的男孩在散步，他们走到一架快照摄影机旁，孩子拉着妈妈的手说："妈妈，让我也照一张相吧。"妈妈弯下腰，把孩子额前的头发拢在一旁,她看看孩子破旧的衣服,很慈祥地说:"孩子,还是不要照了,你的衣服太旧了。"孩子沉默了片刻,抬起头来说:"可是,妈妈,我会一直面带微笑的。"

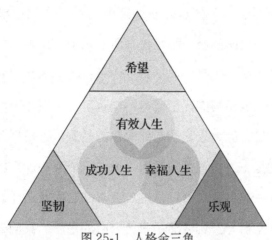

图 25-1　人格金三角

小男孩的故事告诉我们一个道理:幸福在我们心中。

在日常生活中,我们将以何种姿态站在生活的摄影机前?是以微笑、积极乐观的态度,还是以愁眉苦脸、消极抱怨的态度呢?人生态度不同,决定了人生幸福的体验感。

一个乐观的人具有哪些人格品质?下面为大家一一具体分析。

内源性品质

乐观是一种内源性的品质。乐观不是别人给予你的,而是你自己的感受。从前，有一位妈妈发现两个儿子的性格截然不同，一个忧伤，一个乐观，她希望通过环境调整一下两个儿子的性格。妈妈把忧伤的儿子放在充满玩具的房间里，希望他快乐起来，把总是乐乐呵呵的另一个儿子放在马圈里。过了一段时间后，妈妈去看两个儿子。结果，忧伤的儿子即便身边全是玩具，他仍然不快乐；乐观的儿子即便在马圈里浑身沾满了马粪，也玩得不亦乐乎。环境并未改变两个儿子的性格，因为乐观不是外源性的品质，不是环境变人也变，乐观是一种内源性的品质，出自一个人的内心世界。

乐观决定幸福，我们要先知道幸福的原理是什么。幸福快乐不是来自外部资源而是来自内心的平静。我们必须改变期待他人给自己注入幸福快乐的观念，要靠自己创造幸福心态。生活中不缺少快乐，缺少的是发现快乐的心。

如何才能具有一颗发现快乐的心呢？要具有积极的生活态度。也就是说，即使人生充满困境，我们仍能够在消极情境中保持积极的人生态度。就像那位穿着破衣烂衫的小男孩，他的灿烂微笑是因为他有一颗快乐的心。乐观者与悲观者的性格有着本质的差别，悲观的人容易产生毒性思维，总是把事情往坏处想，处处感受到人生不如意，很容易沮丧，长期如此，这些思维会影响到他们的工作业绩，降低学习成绩，让他们的身体状况也不好，就像林黛玉一样："一年三百六十日，风刀霜剑严相逼。明媚鲜妍能几时？一朝漂泊难寻觅。"长期处于凄凄惨惨、自怜状态的林妹妹，身体弱不禁风，因忧郁而死于肺病，正如内经所说"忧伤肺"。史湘云也同样有着不幸的经历，但是她对人生的解读是"数去更无君傲世，看来唯有我知音，秋光荏苒休辜负，相对原宜惜寸阴"。乐观的人会以积极的态度看待世界和解读人生，他们更能发挥潜能，身体也是健康的。

认知变通力

人生不如意十之八九，困苦与磨难是人生常态，关键是如何化解困境，提高人生翻转力。一个人面对挫折与困难时，不能一蹶不振，就此消沉。而要具有人生翻转力，就要培养自己"转败为胜"的能力——认知变通能力。乐观的人会将失败视为成功之母，他们不会将人生定格在黑暗之中，认知变通能力就是告诉我们：当面对无法改变的境遇与事实时，我们要改变对事物的解释。态度决定一切，乐观的你会在黑暗中寻找光明，正如诗人顾城在《一代人》中的那句诗:"黑夜给了我黑色的眼睛,我却用它寻找光明。"

宽广的胸怀

南非总统曼德拉在自传中讲述了这样一段故事:曼德拉曾经被关押了 27 年,受到看守的虐待。但是,在他就任总统时,他请曾经虐待过他的三位看守到场,当着所有的来宾向他们行礼,这时全场都静下来了。曼德拉说:"当我走出囚室、迈过通往自由的监狱大门时,我已经清楚,自己若不能把悲痛与怨恨留在身后,那么我仍在狱中。"一个人的胸怀有多宽,他的路就有多远。曼德拉执政后,不是报仇雪恨,而是带领人民往前走。人们常说,要消灭敌人,但是康熙皇帝也曾经说:"我要感谢我的敌人,是他们让我有了今天的位置。"

积极情绪的传播

拿破仑曾经说:"能控制好自己情绪的人,比能拿下一座城池的将军更伟大。"乐观的人会用积极情绪感染别人,悲观的人会将消极情绪传染给他人。我们要防止出现"祥林嫂效应"。鲁迅笔下的祥林嫂引发了无数读者的同情与感叹，鲁迅曾这样写道：鲁镇的居民把祥林嫂的故事当作有趣的故事来欣赏，让人有一股透骨的寒意。祥林嫂的悲剧反映了旧中国的世态炎凉，也反映出祥林嫂在悲惨命运下的心理失调，她不断的重复性的消极表达，让别人越来越远离她，最后祥林嫂孤冷地离开人间。从单纯的心理层面来分析，祥林嫂把负面情绪不断地传递给别人，使得别人渐渐远离她。

同时，我们还要防止出现情绪的外溢效应。当一个人压力过大时，就会出现一系列连锁反应。例如，一位丈夫在工作当中不如意，回家后怒气冲天，把消极情绪传递给了无辜的家人，这也是一种情绪传染。乐观的人会自觉克制消极情绪，不会为了让自己心情舒畅而随意宣泄，有些人会报喜不报忧，这是对家人积极情绪的保护，为家庭营造一个和谐、欢快的氛围。

但是，我们控制消极情绪的传染，并不是拒绝消极情绪。幸福率是积极情绪与消极情绪之比。当幸福率是3∶1到11∶1时，人们会处于幸福的区域，也会创造心理的巅峰状态。有时候，满满的积极情绪并不一定都是好的状态，可能会让人出现乐观偏差，身处危险，还丝毫没有觉察，还在乐乐呵呵，就会出现乐极生悲的状况。消极情绪并不一定都是负面的，它具有进化意义，能够帮助我们识别风险、保障安全。

正确归因

乐观这一核心人格品质具有重要的人生意义，它决定着我们的幸福生活。乐观也是后天可以塑造的。乐观取决于对事情的归因，由态度所决定。悲观者和乐观者对于好事和坏事的归因是不同的。

对于乐观者，他们会将好事情归于稳定的、普遍的、内在的原因，从而形成乐观的态度。例如，一个人数学考试成功了，在分析原因时，他会将原因归为他一直学习能力强（长期稳定的），平时学习很刻苦（内在努力的结果），不仅学习好，情商也高（普遍性的），这种归因会给人一种激励与自信，进而产生乐观情绪。同时，他们把坏事情归为暂时的、特定的、外在的、可控的原因。例如，乐观的人会认为数学没考好仅仅是一次失误（暂时的），下次努力了就会成功（可控的），这种归因就会让人拥有人生的翻转力。

相反，悲观者将好事情归于暂时的、特定的、外在的、可变的原因。例如，数学考试成功了，他们会说，难得一次成功（暂时的），真是天上掉馅饼（外在的，与我的努力无关），我这次只是数学考好了，其他科目并不怎么样（特定的）。对于坏事情，他们反而归为永久的、普遍的、不可控的原因。例如，数学没考好是因为我就是学习不好（广泛的、永久不可改变的），老师教得也不好（不可控的），这种归因就会导致他们无法产生改变力。

所以，对事物归因态度的不同，就会形成不同的人格特征。之前我们也说过，态度决定行为，行为决定习惯，习惯决定性格，性格决定命运。

乐观者在苦难中会看到机会，悲观者在机会中会看到苦难。

——拓展材料——

推荐影片：
《美丽人生》
一家人被关在纳粹集中营中，父亲给儿子设计了一场快乐游戏。影片记录了残酷环境中乐观给一家人带来的幸福一生。

第 26 讲
坚韧决定成功人生
人格金三角之二

每一种人生挫折，都要让你付出心血。

坚韧性决定着我们的成功人生。我们每个人都会经历失败，当我们遇到挫折或者摔倒的时候，我们特别希望有人能够来扶起我们。但是，实际上我们可能会发现，在我们倒霉的时候，有人无力帮助我们，有人会远离我们，甚至还有人会落井下石。其实，在人生最黑暗的时候，我们更要靠自己，靠自己的坚韧性。

坚韧性是人生逆境当中所表现出来的一种人格品质，它是一种能够让你重新站立起来的**心理复原力**。在人生当中，我们有时候会面对强烈的冲击和打击，但是坚韧性会让你能在不能够承受的时候承受打击，在无法直面的时候直面困境。坚韧性也称为**抗逆力**。

在人生逆境当中，我们要用自己的力量来激励自己，重新站立起来，继续往前走。这就是一种心理的复原力，它体现出一种超越自我的推动力。巴顿将军曾经说过这样一句话："衡量一个人的成功标志，不是看他登到顶峰的高度，而是看他跌入低谷后的反弹力。"这种反弹力就是一种心理复原力。

坚韧性都具有哪些特点？以下我们会一一讲解。

内源性的品质

我们不怕千万人阻挡，就怕自己投降。只要有自己的信念，有一种勇往直前、不怕困难、不怕挫折的人生坚持，你就能够转败为胜。但如果你像一摊烂泥，那是扶不上墙的。坚韧性最终是靠自己的力量所产生的一种人生的反转力。但是，我们在强调坚韧性的时候，并不是说我们就没有弱点了。其实心理弹性就说明了这样一个特点，坚强不是没有懦弱，而是最终克服了懦弱；勇敢不是没有畏惧，而是最终战胜了畏惧；公正不是没有私情，而是最终拒绝了私情；廉洁不是没有贪欲，而是最终克制住了贪欲。我们承认我们有弱点，但是我们能战胜弱点，这就是一种心理弹性。

不畏挫折，持之以恒

我们的人生会经历许许多多的挫折，每遇到一个挫折都会考验我们的心理复原力。林肯是一位非常伟大的美国总统，但是他出身贫寒，做过摆渡工、伐木工、测绘员，他的人生发展历尽艰辛。他21岁的时候生意失败，22岁的时候落选州议员，24岁的时候生意再次失败，26岁的时候，他最心爱的伴侣去世。27岁时，他一度精神崩溃，但是他仍然能够产生这样一种心理复原力。在36岁的时候，他又落选众议员，45岁的时候落选参议员，47岁的时候提名副总统又落选，49岁再次落选参议员，一路失败。但是，他在52岁的时候，当选为美国第16任总统。他从政后，依然清贫，是美国民众公认的好总统，虽然最后被暗杀，但是美国人民至今怀念着他。林肯的一生让我们看到了一种坚韧性的人格品质，每个人的人生都是经过历练的，那么成功也是一种历练的结果，人格就是经过人生历练的一种人品。

自助的信念

我们在人生最艰难的时候需要靠自己的力量，所以要有一种自助的信念。

我们用一个例子来说明这个特点。龙卷风是经常发生在美国的自然灾害，1972年美国科学家在这其中发现了一个现象：美国南部死于龙卷风的人数是中西部的五倍。科学家不知道为什么会是这样，于是他们进行了研究。他们首先从一些物理因素的角度去看看两个区域有没有差别，例如龙卷风的频次、强度、建筑物的结构调整等，结果发现没有差异，但是，科学家却发现一个心理因素在其作用，即两个地区的区域人格是有差异的。先来看死亡率比较高的南部区域的人格——**外控型人格**。外控型人格是一种把自己的命运交给外部环境，常常受外部支配与控制的人格特征。当遇到灾难的时候，具有这类人格的人不是首先想着去自救，而是等着别人来救他们，把自己的命运交到了别人的手里。我们都知道在灾难中，如果你等着别人救援的话，那么你的死亡概率也就提高了。相反，死亡率低的中西部的区域人格——**内控型人格**，则是把自己的命运掌握在自己的手里，对外部环境具有准确判断力的人格特征。当面对灾难的时候，具有此类人格的人首先想到的是自助，埋在废墟下的人会想方设法自己逃离出来。在废墟之外的人们也会积极地参与救援的工作，他们不会等着外部救援力量的到来，而是先自救。所以他们的生存率就更高些。

这个例子可以告诉我们：在最困难的时候，在灾难当中，人一定要具有自助的信念，才能有更好的生存能力。

失败后的成功

先讲一个心理学经典实验。

这个实验分别在小学生、中学生和大学生中实施，结果是一致的。研究者先让学生做一组题，其实这组题所有学生都不可能做出来，研究者故意这样设置，主要是为了让学生体验到一种失败感，想看看在遭遇失败以后，他们的反应是什么样的。第二组题也是有一定难度的，但所有的学生都能够依据以往的知识经验来解决它。但是，研究结果发现一部分学生成功了，一部分学生失败了。为什么会出现这样两种不同的结果？研究者就把这两组学生进行了对比分析，结果发现原因仍然在于人格的差异。

"先失败后成功"的学生,他们的主要人格特征是自我激励和自助定向。自我激励指在困难的时候一个人自己激励自己不退缩,给自己力量,努力探索解决问题的方法。自助定向强调一个人在解决困难的时候,最初一定要先靠自己。例如,在考试的时候,一个学生不可能去问同学和老师,所以他一定要凭借自己的实力解决问题。所以,"自助定向"就会告诉孩子,你要靠自己的力量去寻找解决问题的办法。当孩子有了这样一种信念或态度的时候,他就会塌下心来,集中思考,寻找解决问题的办法。这样他们获得成功的概率就会高,他们更具备人生的翻转力,更能够获得成功。这两种人格特征可以帮助人们战胜困境与挑战。

"失败后依然失败"的学生,他们的主要人格特点是自我击溃和无助定向。自我击溃是对自己的一种负面暗示作用,经常会产生破坏力。考试遇到难题时,有些学生会想,第一组数学题我就没有做出来,我的数学能力就是不行,现在又遇到数学难题,我还会失败。这种负面心理暗示,会导致他们轻而易举地放弃,不再去做努力。我们把这样一种人格称为无助定向的人格,无助定向的特点是当一个人历经一次挫折或者失败后,再遇到同样的情境时,他就不会再去努力了,而是接受失败这种命运的安排。所以,他们在人生当中经历一次失败,将引发后续连锁式的失败。一次一次的失败让他们再没有信心,最终导致彻底失败的人生。

坚韧性是人格金三角当中能够决定成功人生的一个重要的核心人格品质。每一种人生挫折,都要让你付出心血。但是,痛苦的经历过后也会给你带来成功的喜悦。当你具备了这一人格品质时,你未来的成功概率就会提高,你可能就会拥有一种成功的人生。

——拓展材料——

推荐图书:
《钢铁是怎样炼成的》
作品讲述了保尔·柯察金的坎坷人生,彰显出主人公坚韧不拔的信念与人格品质。

推荐影片:
《冲出亚马逊》
联合国选中了气候恶劣与环境艰苦的亚马逊训练国际特种兵,中国特种兵凭借超凡的毅力,获得了"勇士勋章"。

第27讲

希望决定有效人生
人格金三角之三

> "生活在愿望之中又没有希望,是人生最大的悲哀。"

在人格金三角中,还有一个重要的人格品质是"希望",希望是决定有效人生的核心要素。但丁说:"生活在愿望之中又没有希望,是人生最大的悲哀。"

人们很早就知道希望的重要作用,它与"潘多拉魔盒"有关。大家很小就会听到或者读到古希腊神话中关于潘多拉魔盒的故事,这个故事也有不同的版本。

有一天,潘多拉不听告诫,出于好奇,偷偷打开了魔盒，魔盒里放着瘟疫、灾祸、忧伤，也放着友情、爱情和幸福。在潘多拉打开魔盒的一瞬间，一团黑烟冲了出来。慌乱中，潘多拉又马上关上了魔盒，但一切都已经太迟，邪恶冲了出来，魔盒中只剩下了"希望"。在潘多拉打开魔盒以前，人类没有任何灾祸，生活宁静，那是因为所有的病毒恶疾都被关在魔盒中，人类才能免受折磨。邪恶冲出魔盒之后，人类不断地受苦、历经磨难，但是人们心中总是充满了美好的希望。从此，希望成为人类生活动力的来源，带给苦难中的人类以美好憧憬和无限的想象。

故事的另一个版本是：当潘多拉打开魔盒后，不仅各种邪恶跑了出来，希望也来到人间，放飞出来的希望已经不是上一版本的美好憧憬，而是一种实实在在地拯救人类、帮助人们渡过难关的力量，帮助人们战胜邪恶与苦难。

两个版本说明了希望的不同品质，它既是一种美好的精神寄托，又是一种战胜邪恶的力量。

希望为何助力的是有效人生呢？有人一生精彩、丰富，通过奋斗取得了人生成就与辉煌，有人则一生碌碌无为，也有人一败涂地，这就是有效人生的差别。具体来讲，希望水平高的人，学业优秀，事业有成，家庭幸福，人生美满。

如何才能具备"希望"品质

希望具有三个元素：**目标、方法与动机**。

希望的第一个要素——目标。

每个人都有自己的目标，所有行为都应该是为了实现目标。我们的人生有了目标才能前行，而不是无方向地游荡；我们的职业要有目标，我们的学习要有目标，甚至我们做一件事也要有目标。目标决定了我们行为的方向性与有效性，人无目标，无所事事，浪费生命。

也有人会说，我有目标，为何还是不能成就人生呢？有目标就一定会成功吗？不一定，要看目标的质量。评价目标的质量有几个标准：目标是**有意义**的而不是无意义的；目标是**明确**的而不是模糊的；目标是**积极**的而不是消极的；目标是**正确**的而不是错误的；目标是**灵活**的而不是不变的；目标是**可达成**的而不是永远无法实现的。例如，一个身材单薄矮小的人，立志要做一个篮球运动员，在球场上就没有对抗优势与弹跳高度，这个目标就是难以达成的目标。如果一个人持之以恒地坚持一个不恰当的目标并不断地付出努力，实际上也是在浪费生命。因此，确立适合于个体特征的目标是希望的首要环节。

当我们确立好一个正确的目标后,还要去寻找实现它的路径,也就说要找到实现目标的方法。

希望的第二个要素——方法。

这一环节需要路径思维来帮助我们。路径思维是关于如何实现目标的一种认知和信念,包含两个方面:**方法与坚持**。

首先,要制定实现目标的设计思路与实施方案,就如同建造一座大厦前的设计规划与建设方案一样,需要认真思考各种可能出现的困难和问题,以及解决问题的方法与路径。例如,在考场上,每个学生的目标都是要获得高分,但是面对难题,如何寻找方法来解题是关键,一些学生常常不是目标出了问题,而是因为找不到解题的方法而失败。

其次,坚信自己能够找到有效方法的信念。在考试中,学生屡次尝试失败后,可能就会放弃努力,导致失败。因此,坚持不断探索,寻找解决问题的方法,不放弃,才能向成功趋近。爱迪生发明电灯之前,历经十余年的努力,做了五万次试验,才最终获取成功。这就是坚持的信念。

不同的人的路径思维水平是有高低差异的,高水平路径思维的特点：一是根据具体情况灵活调整方案；二是能够找到实现目标的多种方法，从中选择最佳方法；三是认知变通性好，一种探索失败后，再尝试新的方法，不断尝试，坚持不懈地寻找新方法。低水平路径思维的特点正好相反，他们思维固着、不灵活，不撞南墙不回头，或者一旦尝试失败就轻而易举地放弃努力，经不起挫折和失败。

有了目标和实现路径后，还要有实现目标的动力。

希望的第三个要素——动机。

动机体现了一个人的执行力，一种不懈努力、不畏艰难，直至目标达成的行动力。第三个要素既具有动力特点，也具有认知特点，体现了动力思维。高动力思维的人做事果断，不怕困难，持之以恒，不达目的誓不罢休。低动力思维的人会畏首畏尾，害怕失败，行为拖延，信心不足。

希望的上述三种要素（目标、方法、动机）密不可分，相辅相成，缺一不可。但是，我们也必须防止出现偏差。

目标实现过程中的误区

第一个误区——不择手段。

这是指人们为了实现目标，哪怕是正确的目标，而不择手段。以损害社会利益或他人利益来获取个人成功,这不是希望的美好本质,而是一种道德缺失的表现。

第二个误区——虚假希望。

这是一种希望水平过高的表现,虽然目标正确,但是不切实际,根本无法实现,也是徒劳的。一个人即使有再高远的目标,每日不断地去憧憬未来,如果不能脚踏实地地去实现目标,也会是行动的矮人,事业无所成就。

第三个误区——缺乏变通。

目标正确,但是不可改变。正确的目标还需要适合于个体的特征与环境的变化,目标要与时俱进,灵活多变。要做到具体问题具体分析,随时将目标调整到最佳状态,这是实现目标的有效策略。

希望具有哪些作用

美国现代短篇小说的创始人欧·亨利(O. Henry)有一篇杰作,叫《最后一片叶子》,作家讲述了一个感人的故事,之所以感人,是因为故事说明了希望的生命意义。

年轻画家珍妮不幸得了肺炎,生命垂危,医生说药物已经没有作用了。躺在病床上的珍妮知道自己的生命将走到尽头,她眼望着窗外,看着几片紧紧缠绕在枯藤上的叶子正在摇晃,数着一片一片地不断掉落下来的常春藤叶子,珍妮说:"我得病的时候叶子还有很多呢……那些叶子就是我的生命。瞧,又落了一片。当叶子全部落光的时候,我也要去天国啦。"老画家贝尔曼知道唯有生活下去的希望才是拯救珍妮的良药。那天夜里,天气恶劣,大雨滂沱,电闪雷鸣。珍妮盯着天花板,听着外面的声音,无望地想着最后被吹落下来的叶子。天亮后,珍妮让母亲拉开窗帘,那一刻珍妮的眼睛放出了光芒,还有一片叶子挂在藤上。雨又下了一整天,直到晚上也没停。可是无论怎样风吹雨打,最后的那片藤叶一直没有落下来。就这样,重新获得了生活希望的珍妮,很快就振作起精神。几天后,珍妮终于能起床了,珍妮走到外面,她看到的是墙上画着一片藤叶,她全明白了。老画家在那个风雨之夜挣扎着往墙上画了一片永不凋零的常春藤叶,但是老画家却感染了肺炎,被无情地夺去了生命。这是一个用生命点亮希望的感人故事。希望具有如此强大的力量。

其实,人类有两种力量最具魅力:一个是思想的力量,一个是人格的力量,希望是这两种力量的结合。

最后，让我们再次回顾一下人格金三角——乐观、坚韧、希望。乐观决定幸福人生，坚韧决定成功人生，希望决定有效人生，这三种人格共同构成了绚丽人生的画卷。

——拓展材料——

推荐影片：

《黑板》

在两伊战争期间，一个胸怀远大抱负的教师行走在荒原上，希望能找到好学的孩子，让孩子能够阅读，通过知识改变命运。教师为了实现其目标，放弃与富家女成亲，毅然决然地踏上了教授孩子读书的道路。

| 第八部分 |

人生迷思,答疑解惑

人生充满待解的问题。如何寻找解决方法?
"人格心理学是一门人生的哲学,为我们的生活答疑解惑。"

第 28 讲

人格是稳定的还是可变的
人格稳定性

> 人活着并不一定要为别人的评价而服务，这样会使人失去自我。

人们在探索自我、反思自我时，常常意识到自身人格中的阴影与不足，希望改变和提升自我。可是，有人却遇到了问题，他们想改变却改不了，总被"江山易改，禀性难移"所困扰，为此深感焦虑与痛苦。

问题 1：哪些人格是稳定的，哪些是可变的？

人格有稳定和可变之分。具有稳定性的人格常常与先天遗传有关，气质就是这样一种人格类型，人一生下来就决定了是什么样的气质类型。所以我们要去改变某一种气质类型，相对来说是比较困难的，也就是说我们不可能从抑郁质一下子转化为多血质。即使我们很难改变自己的气质类型，我们也可以调节我们气质的优劣。气质本身是没有好坏之分的，每一种气质各有优劣。把某一气质类型的优势发扬光大，把劣势相对简化到最低限度，这就是气质调节，我们也把这种调节称为人格的可变性。所以克服弱势能帮助我们进一步彰显各种气质美。

还有一类可以变化的人格成分，就是我们平时说的在后天形成的和社会化有关的性格特征。这种特征与气质不同，有好坏之分，会受到社会因素和成长环境的影响。比如说有人很善良，乐于助人，但有人相对更具敌意，会侵犯他人，这种特征具有道德评价意义。在后天环境下逐渐形成的性格，受外部调控较强，会随社会环境的改变而变化。过于激烈竞争的社会环境，会使有些人变得急功近利；助人反被讹，会使人出现道德恐慌，变得洁身自好。同样，充满公平正义的社会，也能使浪子回头。可变的社会性格具有价值方向，是向积极方向发展还是自甘堕落，决定人格变化方向的控制权在你自己手中。如果自我的力量足够强大，人就越会朝向自我完善的方向发展，做有利于自己，有利于社会的事情,最终成为有益于社会的人。

问题2:人格阴影如何改变?

之前我们提到人格具有稳定性,这不意味着不可改变,但是改变并非易事,需要态度与毅力。正如荣格所说,每一个人都会有人格阴影,我们要去正确面对这种人格阴影,视阴影为正常,如同"阳光下必有阴影"。一个健康的人是能够修正他的人格阴影的,但我们应该怎样去改变我们的人格阴影呢?为什么人格阴影又是很难改变的呢?

其实,一个人的人格是通过很漫长的过程慢慢形成起来的,要几年、十几年、几十年,所以人格的形成和巩固的过程是几十年,有些人格特征甚至是根深蒂固的。反过来,要消除它或改变它,不可能在几天、一个星期、一个月内实现,也不可能在一次心理咨询或辅导后彻底改变。

关于人格的改变有非常著名的一句话:"态度决定你的行为,行为决定你的习惯,习惯决定你的性格,性格决定你的命运。"这句话的意思是:我们对待人格的态度是非常重要的,这个态度确定你是有信心还是没有信心去改变它。当你有坚定的信念去改变你的人格阴影的时候，你就会采取一种持之以恒的行动并一直坚持下去，这种改变行为重复的次数多了就会慢慢形成习惯，而习惯稳定下来以后就能转化为性格，所以要真正改变人格是要付出你的坚持和毅力的。

关于暗黑人格，我们一方面要改变它，另一方面，我们要转化它。任何一种人格都会有利有弊，我们主要看暗黑人格它所发挥的作用或者性质，究竟是有利于自己还是社会。比如，我们都知道"黑客"和"红客"，他们是破坏计算机系统的程序编制者。当他们把破坏技术指向敌人的时候，我们常常视其为红客；但如果他们对自己的内部系统进行破坏，我们常常视其为黑客。所以对于暗黑人格其实也是这样，当你意识到某种人格具有弊端的时候，你应该防止这种弊端的出现，然后去有效控制这种弊端，但是如果当你发现它也有一些有利的特点时，你也可以有效地运用这种有用价值。暗黑人格具有很强的社会适应能力和在恶劣环境中的生存能力与资源争夺能力。所以，我们说暗黑人格其实并不可怕，关键在于我们怎么认识它，以及有没有信心去改变它。

问题 3：我们是保持自己的个性，还是按着别人喜好来培养人格？

一个人的个性就是人格的典型性，相对来说是表现出一个人人格特色的特征。在人格特色中有些成分是属于个体的，更多地表现出一种自由性的特点。还有一类人格，它们属于社会人格，这类人格相对来讲强调一种适应社会的特征。我们平时所说的宜人性就是一种社会人格，它体现为在我们与人交往的过程中，会给人一种舒适和喜欢的特征。宜人性的主要特点是能做到与人为善，更好地以一种社会所接纳的方式去表现自己的人格。

在看人格的典型性时，你首先要区分你的独一无二的个性是否能被社会所接纳，如果你只关注到自己的独一无二性而不考虑周围其他人和周围环境的接纳程度时，你的这种特色反而会与社会格格不入，会给你的人生发展带来很多的麻烦。所以，在人格特色的塑造上，你一定要选择积极的、宜人性高的个性品质。所谓的积极性是对自己具有激励向上的作用，而宜人性指向于他人和社会，是一种在社会环境下体现出的人格与环境的匹配度。

一个社会适应良好的人，一定具有与环境匹配良好的人格，也是受人爱戴与敬佩的人格特征。我们要强调一点，不是人活着就一定要为别人的评价服务，这样会使人感觉失去自我。一个人要保持自己人格的相对独立性，但这种独立性一定要具有积极的适应性。

拓展材料

推荐影片：
《死亡诗社》

第 29 讲

中年危机，我们为何总是焦虑
人生转折

> 一个人的兴趣所在也是他心理能量聚集的地方，生命力绽放的地方，人生最有价值的地方。

问题 1：遇到中年危机该怎么办？

我们在人生中，要经历不同的人生发展阶段，每个阶段都要面对一个人生任务和解决一些人生问题。人们对中年的描述有很多，例如，"上有老下有小""中年油腻男"，等等。一方面中年人背负着生活重压，另一方面中年人也通过奋斗获得了事业成就。奋斗后、成功后的中年人反而体验到深深的危机感：人活着为了什么？

中年危机最初是由荣格提出的,他发现在他的诊所中经常出入一些功名成就的中年人,这些来到他诊所的中年人往往问出一些有关思考人生的问题。荣格就开始思索:这些功名成就的人为什么在中年时突然出现了心理上的危机感,这些危机感的焦点又落在什么地方呢?在这些成功人士的叙述中我们可以看到,在他们的人生职业早期,他们更多地为生存而战,也就是说他们忙于挣钱,忙于养家糊口,这个时候他们很少去考虑人生的问题。当他们奋斗到一定阶段,有了一定的财富积累后,就进入一种经济无忧的生活状态,这个时候他们反而开始去思考精神层面的问题,希望去探讨一些人生的问题:我这样奋斗是为什么?我的人生应该是什么样的?在人生的这个时候,他们常常困惑于怎样才能去找到人生的答案,他们急于要从哲学层面来思考自己的人生,梳理自己人生的过去,从而为未来的人生提供进一步的方向调整。

荣格在面对这些中年危机的人时,是怎么去调整他们的呢?他用的是这样一种方法:他让这些中年人去想,他们曾经在早年、在儿童时期非常感兴趣,但由于生活的忙碌已经放弃的一些个人兴趣是什么。比如,有人喜欢绘画,有人喜欢唱歌,有人喜欢运动,这都是他们在童年时期所表现出的一种爱好。荣格就让他们把这种童年的爱好再次恢复起来。为什么荣格要用这种童年的爱好来对他们进行心灵恢复呢？因为一个人感兴趣的地方也是他心理能量聚集的地方，也是一个人的生命力能够绽放的地方，是他最能显示人生价值的一个领域。所以，荣格启动了一个人身上最闪光的兴趣点，然后让他们通过这个兴趣点，慢慢地去调整自己的生活节奏，由原来奔波的生活状态慢慢地调整到能够欣赏生活的慢节奏状态。

当一个人能够欣赏生命，能够欣赏自己人生历程的时候，实际上他就达到了人生或者人格发展的另一个境界。荣格把这些功名成就同时也有实力的人再次引回到人生初期的兴趣点，恢复他们原有的一种生命的力量，然后让他们在今后的人生中更显光彩，更有一种对生活的欣赏态度，更有力量地去面对自己的人生。所以，在面对中年危机时，很多中年人经历了人生的转折，由对纯粹的社会经济地位的追求转化为对人生境界的追求。这也是在人生后半段的历程中人格能够发挥力量的时候。中年危机是每个人都可能要经历的危机，但是它对我们人生未来的指导意义更加明确，会告诉人应该如何去生活，如何去欣赏之后的美好人生。

其实在人生的每个阶段我们都会遇到各种各样的问题，中年危机只是在中年这个年龄阶段遇到的。在人生的各个年龄阶段我们都会遇到一些挑战或冲突，人生发展的障碍，常常会引发出人们的焦虑。

问题2：焦虑是一种人格特质吗？怎样才能缓解焦虑呢？

焦虑分为两种：一种是状态性焦虑，一种是特质性焦虑。

状态性焦虑是针对某种情境或对某个特定事物所产生的焦虑情绪。例如，有人每次考试都会感到焦虑，这就是状态性的，它是一种可变的、短暂的焦虑，这种考试的情境一旦过去，焦虑情绪也就会随之消失，属于短时的心理反应。

状态性的焦虑不属于人格特质，属于稳定人格特征的焦虑称为特质性焦虑。

具有特质性焦虑的人对不同情境都表现出焦虑情绪。例如，一个人在考试的时候会焦虑，在公开讲演的时候会焦虑，当面对拥挤的电梯时会焦虑，当面对一个空旷高地时也会焦虑。启动焦虑的情境会更广泛，人会表现出一种跨时空的焦虑反应，具有稳定的特征。

特质性焦虑的改变难度会更大一点，也就是说需要更长的时间或者更有效的方法去缓解它。特质性焦虑的改变方法有很多，比如放松、脱敏、运动、认知疗法，等等。

如果你发现自己有特质性焦虑，可以就近寻找专业机构进行心理帮助，心理咨询师会根据你的特点提供一些针对性的有效方法。

另外，如果在自己身上出现焦虑情绪，大家无须恐慌，因为在现代社会急剧变化的过程中，很多人都会出现一种普遍性的社会焦虑，很多时候这并不是一种病态的反应，而是一种在环境影响下产生的心理状态。当遇到这种情境时，我们要更多地学会应对压力的方法，学会压力管理，这样就会减少焦虑的产生，降低焦虑反应的强度。

焦虑并不可怕，在很多情况下我们都应学会接纳焦虑，学会与焦虑共舞。当你对焦虑的态度变得更平和的时候，你就不会一天到晚被焦虑的观念所纠缠，当你慢慢地学会了淡忘，焦虑也会从你身上逐渐褪去。

——拓展材料——

推荐影片：

《荒野生存》

一个理想主义者的传奇，一个寻找自我的流浪故事。

第30讲

爱的艺术
爱情心理学

> 爱不是天上掉馅饼，不是任人纵情享受。爱需要力量与能力。

人格心理学家弗洛姆的经典之作《爱的艺术》自1956年一面市，就受到读者的热捧，特别是年轻人，出版至今已被翻译成32种语言，在全世界畅销不衰，被誉为当代爱的艺术理论专著中最著名的作品。

爱情是人类最为复杂的问题，中西方诗人都表达了轰轰烈烈的爱情观。中国古代诗人元好问的著名诗句写道："问世间情为何物，直教人生死相许。"匈牙利诗人马洛伊也有一句名句:"爱情,如果是真爱,永远都是致命的。"

在谈爱情之前,我们先来检查一下自己是否处在"爱的误区"中。弗洛姆在《爱的艺术》开篇中提出了人们需要改变的爱情观。

爱的误区

第一种误区:将爱情问题看作一个被爱的问题,而不是去爱的问题。爱是积极主动的,不是被动等待的。爱需要人们付出努力去建设它,有人说"婚姻是爱情的坟墓",因为他们觉得结婚后就不用努力了,这就错了,爱需要持久的滋润,爱需要创造。

第二种误区:将爱视为一个对象,而不是能力问题,也就是你有没有能力去爱的问题。爱需要力量与能力,你能够给对方一生幸福的资源是什么?

第三种误区:将爱视为经济商品,而不是身心的依恋。现代社会,爱情的经济价位常常高于心理效价。有些男人像挑选商品一样挑选女人,有些女人像待价而沽的商品一样等待被选。每个人都希望有吸引力,"有吸引力"是在人格市场受欢迎并被追逐的品质,但是它包括生理条件,也包含精神气质。要区分生理层面的喜欢与精神契合的情爱。人们常常把如痴如醉的状态当作强烈的爱情的证据，瞬间的狂欢状态只是异性间的生理满足，不是持久的爱。

不走出上述误区，婚姻就会出现"始于希望，止于失败"的结局。另外，青年人在谈情说爱时，常常无法辨别什么是真爱。

爱的真谛

弗洛姆将爱视为一门艺术：要学习理论，也要掌握实践。就像绘画艺术一样，要学绘画知识，还要学习绘画技能。弗洛姆在爱情理论中，阐述了爱的五种特征。

第一，爱是给予。

一般人认为给予是一种牺牲、痛苦的美德，其实，给予是一种生命力的表达，体现出个人的力量、富足、能力，伴随有愉悦感。爱是一种能够创造爱的力量。爱不是索取，索取是一种自私，它是指向于自己的爱，其本质是爱的缺失的一种表现，无力给予别人。一个人有充足的爱心时，才会将爱奉献给他人。爱要消除自私，寻找伴侣不是为了爱自己，不是为了满足自己的生理需求与传宗接代的任务。不成熟的爱是"我爱你,因为我需要你"。成熟的爱则是"我需要你,因为我爱你"。

第二,爱是关心。

爱是对所爱的人的生命和成长的积极关心。当爱一个人的时候,是给对方一个成长的助力,而不是对他/她缺陷的放纵,任其所为,这种不利于对方成长的做法,没有体现出积极的关心。爱是帮助对方完善自己,获得美好人生的能力。当对方感受到你对他/她人生发展的重要性或不可或缺时,他/她就不会离开你了。关心可以使伴侣处在一种积极的生活状态中,"爱的能力表现出的是一种强烈、清醒、激扬的生命力状态",并以平和、温馨、持久的方式显现在日常生活中,互相陪伴、互相扶持、互相照顾、互相关怀。

第三,爱是责任。

责任不是完成某种义务,是一种完全自愿的行为,是一种对另一方的生命表达出来或尚未表达出来的需要的响应,体现的是对对方的精神需要的关心。爱是有信念的,它贯穿于整个人格的确定性和坚定性中。例如,西方婚礼誓言中这样问新人:"你愿意娶她或嫁他吗?无论他/她贫困、患病或者残疾，直至死亡。你愿意吗？"新人会回答："我愿意！"爱情誓言界定了爱的担当和责任。对爱来说，信念给人一种踏实感：爱是可靠的、不动摇的。信念也同样会指向自己，"我对自己的爱有信心，对自己能使对方产生相应的爱有信心，对这种爱的可靠有信心"。

第四，爱是尊重。

尊重对方的独立个性，按照对方自身的本性成长和表现。而不是按照自己的习惯去要求别人服从自己，不是让对方成为我希望的样子，为我服务。爱不是控制，不是拥有对他人的绝对权力，让对方去做我要他做的事情，思考我想要他思考的事情，体验我要他感受的事情，这是一种缺少信心的表现，这样就会把对方视为一种自己的占有物。"对很多人来说，权力好像是最现实、最实在的东西，但是人类历史已经表明，权力是所有成就中最不稳定的东西。"己所不欲，勿施于人，只有在自由的基础上才会有爱。爱永远不会是支配的产物，爱是自由之子。要学会尊重对方的生活习惯，尊重对方对过去情感的保留，尊重对方准确的人生选择。

第五，爱是了解。

不了解对方，给予、关心、负责、尊重都是盲目的。你给的不是我要的，你的关心对我是一种负担。你经常会听到一些人的不同感慨：双方因了解而结合，双方因了解而分离。其实，分离是因为之前缺少深入了解所导致的。了解是深入内心的，不是皮毛式的。"情人眼里出西施"会让恋爱中的人们出现认知错觉，看不出缺点，而结婚后不再装好，又会出现缺点大暴露，让对方一时接受不了。在了解过程中，什么样的信息对未来婚姻是至关重要的？是双方原生家庭的价值观，也就是平时我们所说的门当户对。"门当户对"是很多经验的一种浓缩，因为双方很多观点的分歧其实是价值观的不同，特别是原生家庭的价值观。一个出身于农村，一个成长在大都市，两个原生家庭不同的人走到一起，各自家庭的烙印就体现出价值观的差异，价值观又具有稳定性，难以改变，这就决定了双方看问题的视角和解读不同。生活冲突多了，婚姻就会出现不稳定状态。所以，我们在找朋友的时候，尽量找接近的、差异小的、谈得来的人。但是，当双方门不当户不对时，又该如何处理差异性呢？这就需要双方的心理弹性了，特别是对差异的接纳态度，或者一方做出改变，或者双方磨合成功，这也是维持婚姻的良好人格条件。

爱的实践

弗洛姆提出了爱情实践的观点。爱的实践就是如何去爱，或者说爱的条件是什么。他用艺术作为类比来阐述四种达成爱情的途径。

第一个条件是规则。

掌握艺术需要先懂得有什么规则，任何一门艺术都是有要求和戒律的，所以要先了解规则并遵守规则。弗洛姆强调爱情也具有遵守一生的规则。多数人会坚定地遵守一时的规则，但是，一生不破坏规则会感到很难。婚姻是让两人一生相爱的规则，相互照顾，相互信任，承担家庭养育责任，等等，这些都是婚姻的规则。没有规则的爱情，会变得混乱不堪、漫无中心。有些年轻人看到祖父辈们一生相守，他们很敬佩，但是直言自己做不到。其实，反叛规则是一种婴儿式的自我放纵，不是一种成熟的爱。

第二个条件是专心。

掌握一门艺术，需要专心致志，认真对待。弗洛姆在分析现代社会特征时说："我们的文化把我们引向了一种不专心、涣散的生活模式，你可以同时做很多事情，读书、听收音机，谈话，吸烟，吃饭，喝酒，等等。"现在再外加一部手机，手机在生活中时时刻刻伴随着我们，让我们逐渐精力涣散，心不在焉。人们变得不能专心体验两人的爱情时刻，那是一种静静的两人在一起的心灵感受过程，也不能一个人静静地独处，体验思念对方的情感滋润。工作压力冲断了我们的生活积累，让我们变得随波逐流。年轻人在工作之余见缝插针式地谈恋爱，特别是习惯于手机式交流，缺乏深层次的沟通，停留于表层的接触，说些琐碎轻浮的情话，也不认真聆听对方的情感表达，因为心的漂移而导致缺少真正的思想与情感交流，以至于婚后生活不稳定，离婚率越来越高。

第三个条件是耐心。

耐心决定一个人的艺术成就，你付出多少就会获得多少。但是，快速发展变化的快节奏生活，让青年人也使用了快餐式的恋爱进程。弗洛姆说："如果一个人想追求快的结果，那么他就不要来学艺术。但是，对现代人来说，耐心与规则、专心一样困难。我们的整个工业体系都有鼓励与耐心相反的倾向：要快！我们所有的机器都要设计得快，汽车与飞机要很快地将我们送到目的地，而且越快越好。

这是经济发展的原因，结果，人的价值也变得受经济价值所决定。人们因为害怕失去时间而迅速办事，当得到时间后，又不知该做什么，最后只能是消磨时光。"其实，弗洛姆告诉我们一个道理，爱情是需要时间的，感情是慢慢培养的。手机让我们可以实现快速的交流，也让我们失去了等待的耐心。过去人们会鸿雁传书，相恋的双方可以在思念中等待，这是一个情感的积累过程，写情书可以对内心的情感进行梳理并准确地表达，读情书是一种幸福的体验与接纳的过程。在现在的经济社会中，爱情蜕变为以商品的形式来交换，人们快速比对条件，速战速决地恋爱，如同挑选商品一样简单，造成婚姻缺少稳固性，双方难以度过婚后的三年之痒、七年之痛。所以，爱不是互利互换的商品。

第四个条件是投入。

不投入永远也无法掌握一门艺术的精髓，最多是一个不错的业余爱好者，但永远不能成为行家里手。爱是需要身心投入的，更重要的是心的投入。母亲对婴儿的敏感就是一种投入，但是投入不是死盯对方与控制对方，这样会让对方失去自由，最终远离你。

弗洛姆在《爱的艺术》这本书中，一直在强调一个中心思想，即爱不是天上掉馅饼，不是任人纵情享受。爱需要力量与能力。"如果不能以自己最大的能动性去发展自己的整个人格并以此达到创造性的生活取向，所有爱的努力都注定要失败。"

——拓展材料——

推荐图书：

［美］埃里希·弗洛姆著，李建鸣译：《爱的艺术》，上海译文出版社，2008。

结束语

积极心态提升人生格局

> 没有学习伴随的生活与工作，终将坐吃山空。

人格心理学是一门人生的哲学，不同的人会有不同的人格解读方式。我用了30讲的内容带大家领略了人格世界的多彩风貌，这本书是从积极心理学的视角来引导大家朝向健康人格的路径发展的，换句话说，本书的组织原则是引人向上。

为什么选择积极心理学的视角呢？让我们先来看一下当代心理学的一个重要转向。

在国际上，当代心理学的发展，已经从病态心理学走向了积极心理学。

心理学自从 1879 年成为一门学科后，肩负着三种使命：一是培养有天赋者追求卓越，发挥潜能；二是帮助普通人完善自我，幸福生活；三是治疗受创者的心理疾病，平稳其心态。然而，随着两次世界大战的爆发，战后的心灵受创者大量涌现，彻底改变了心理学发挥功能的格局，于是第三种功能凸显出来，甚至取代了前两种主导功能，使心理学从为大多数民众服务的学科，转化为为极少数病人服务的以疾病范式为主的学科。人们关注的多是病态的人或心理罪犯，对他们的各种案例表现出一种猎奇般的兴趣，而对于积极成长、奉献、追求卓越等优秀心理品质的培养，却慢慢淡出公众的兴趣视野。之后，人本主义心理学家马斯洛、罗杰斯，等等，都呼吁重视人类高级的心理功能，让心理学从病态人格的治疗转向优秀人格的培养。心理学再次恢复其学科的主体功能，从为少数病人服务扩展到为大多数正常人服务的社会心理服务体系中，引导大众追求卓越，迈向幸福。

所以，我们这本书的目标是发挥心理学对积极健康心态的引领作用。

什么是积极心理学？积极心理学是关注人类优秀品质与美好心灵的心理学，是由美国心理学家马丁·塞利格曼（Martin Seligman）提出的，但是其思想源于人本主义心理学。积极心理学包含三个层次：

第一，它是关注积极的主观体验，帮助人产生乐观、幸福、满足、安宁、希望、流畅的感觉。

第二，它关注成长的力量，例如，爱的能力、创造的勇气、和谐的关系、智慧的思考，等等。

第三，它关注主客体互动的品质，如工作中的责任感、人际关系中的利他与助人、社会互动中的公德意识，等等。

我们这本书就是回归到当代心理学正本清源的路径上，让心理学发挥对大众积极健康心态的引领作用。人生要关注成长，而不是病态人格的停滞状态。正如耐克创始人菲尔·奈特（Phil Knight）所说："人生即是成长，不成长即死亡！"当今世界是优秀者驰骋的天下，未来世界更是卓越者掌控的时代，病态者是社会适应不良的结果。在面临各种人生挑战的今天，懦夫从不启程，弱者倒在路中，强者不断前行，人格就这样决定了你的命运。人格心理学会告诉你人生强者的特征是什么。决定你人生未来与发展高度的是格局,而积极健康的心态会提升你的人生格局。美国近代金融史上的金融巨头J. P. 摩根在晚年谈个人成功的首要条件时,毫不犹豫地说是性格!

那么,如何建构我们的人生格局呢?有六个方面。

第一,人生格局的性质。

人格是一种精神,如果你宣布精神破产,你就会输掉一切。人生格局的性质体现了人性善恶观,积极与消极的人生观。支撑这一点的人格特质是诚信,诚信是位于首位的人格评价元素。诚信度高的人表现出真诚、诚实、忠诚、公正、无私,做事利人利己;诚信度差的人表现出贪婪、狂妄、虚伪、自私、自负,做事损人利己。因为好的品质常常是脆弱的,要想坚守住自己的诚信品格,我们就记住这样一句话:"诚信就像一根细丝,一旦断掉再难接上。"不要产生心理负债,不要做伤及他人的事情,不要让人格阴影控制了你。当你心中有光明,你的人生将不会黑暗。

第二,人生格局的高度。

人类之所以成为人类,是思想、精神的不断进步与提升的结果。人生高度不同,眼界就不同。俗话说"低看错,高看好"。一个眼界低的人会过度关注缺点与不足,抓着别人或自己的弱点不放，整个人会被弱点捆绑住，自卑自怜，以自我中心式的方式思考，妒忌他人所长，容易采取下行比较，与不如自己的人比较，越比越低。眼界高的人会往高处看，看到别人的优点与好处，采取上行比较的方式，见贤思齐，向榜样趋近。支撑人生格局高度的人格特质是希望。

第三，人生格局的宽度。

人际关系决定了我们的人生宽度。当别人试图画一个圈把你排除在外时，你该如何做呢？美国著名的女律师保利·莫瑞（Pauli Murray）回答说："我会画一个更大的圈来包容他们。当一个人为个人目标拼争时，我要为全人类争取权利。"一个人的心胸有多宽，他的格局就有多大。人际关系会扩展你的人生疆界。

支撑人生宽度的人格特质是宜人性，宜人性反映的是人际交往的特点，宜人性高的人能够与人为善，诚信可靠、利他助人、无私奉献，人格具有感染力；而宜人性低的人则表现出敌对、粗鲁、多疑、孤僻、缺乏合作的特征，这些特征会使他们的人生路越走越窄。

第四，人生格局的内涵。

人生格局的内涵表现出自我的丰富性，体现了扩展多元人生领域的能力。

决定人生内涵的人格特质是开放性，它是指对事物和观点的接纳性和求新性，而创新力是扩展格局的重要品质，它也反映出才智的高低。开放性高的人思想创新、通达，敢于探索，不断寻求自我突破，性情豁达且举止文雅；而开放性低的人保守、传统，喜欢熟悉的环境、喜欢做熟悉的事情，害怕失败，寻求自保，使人生变得单薄乏味。

提升人格的开放性，需要多学习和思考不同的思想与观点。一位耶鲁大学的学生描述了一段与政治学老师达尔的师生经历。在听了达尔教授的课后，他并不赞同达尔的观点，作为一名学生，他表达了强烈的反对意见，并写论文批判达尔的理论。然而，他发现最支持他的老师却是达尔，达尔主动担任了他的论文指导教师，花费了大量的时间与他一起讨论论文的主要观点，还有论文中要驳斥的人，也就是达尔自己的观点。达尔教授在教学过程中，以一种言传身教的方式，向学生展示了人格开放性的品质，他以接纳的态度，欢迎其理论的批评者，倾听不同意见的表达，与他们进行诚恳的交流。达尔给我们展现了一种开放通达的思想，一种化敌为友的智慧，在他的人生格局中蕴含着如此丰富多元的内涵。

扩展我们人生格局的内涵并非易事。在当今学习型社会中，学习与阅读是增加我们内心丰厚性的途径。但是，我们常常发现，进入职场后，学习"退居二线"，成为一种副产品式的活动。很多人宁愿吃生活的苦，也不愿吃学习的苦，为了生存，忙于工作，抛弃了学习。然而，没有学习伴随的工作，终将让人坐吃山空，沦为工作的机器，心理枯竭，最终落入平庸的生活。学习是改变人生的最有效的利器。

第五，人生格局的长度。

人格是经过历练的人品，能决定你人生之路走得有多长远。我们之前提到的延迟满足能力就是对人生格局进行长远投资的能力，格局小的人目光短浅，关注于眼前的蝇头小利，难以成就大事。

影响人生格局长度的人格特质是尽责性，它反映的是一个人的自控力与组织能力。尽责性高的人做事有计划、有责任心，持之以恒，公正，克制，严谨，任劳任怨，执行力强；尽责性低的人则是无目标、懒散、粗心、不可信的人，他们在人生之路上不会向前走，而是原地转圈，甚至会倒退。在人生道路上，不进则退。

第六，人生格局的节奏。

耐克创始人菲尔·奈特在他的书中，曾为年轻人写下了这样一段话："我想告诉年轻人慢下来，按下暂停键，认真想想接下来的40年你想怎么度过，我想告诉那些20多岁的年轻人，不要为了一份工作或者职业而安定下来，要去追寻内心的召唤。即使你不知道那个召唤是什么，但不要停下脚步。如果你这样做了，你就可以更容易克服日复一日的疲惫，抚平内心的失望，达到你想象不到的高度。"

奈特在这段话里表达了两种不同的生活节奏：在思考与规划人生时，要放慢节奏，不可急功近利，放慢正在流浪的脚步；当自己有明确的人生目标后，再奔跑向前，不要停息。

然而，我们也不可只忙于工作，在电影《无问西东》中梅贻琦曾说："人把自己置身于忙碌中，有一种麻木的踏实，但丧失了真实，青春也不过只有这些日子。"在有效目标下的弹性生活节奏可以让我们不焦躁，在心灵深处体验生活的幸福与价值。

决定生活节奏的人格特质是情绪稳定性，反映的是情绪调控能力。情绪平和的人，自我调节功能好，不易出现极端反应，具有伸缩力，遇事不急躁，能够沉稳应对，心态平和。情绪不稳定的人，对威胁信号极度敏感，遇事仓皇不安，让消极情绪占据心灵，缺乏理性控制，导致内心被压力重创，人生慌乱不堪。

在上述人生格局的六个方面中，诚信、希望、宜人、开放性、尽责性与情绪稳定性这些人格品质起到了支撑作用。由此可见，决定人生格局最重要的心理维度是人格。

在结束这本书之前，让我们再一次重温马斯洛的名言：

"心理学不是缺陷心理学，心理学要关注成长而不是停滞，关注优势和潜能而不是弱点和局限。"

这也是本书的价值取向与宗旨：以积极、健康的视角引导大家设计自己的人生版本，完善自己的人格，成为更好的自己！

心理学大师经典作品

红书
原著:[瑞士] 荣格

寻找内在的自我:马斯洛谈幸福
作者:[美] 亚伯拉罕·马斯洛

抑郁症(原书第2版)
作者:[美] 阿伦·贝克

理性生活指南(原书第3版)
作者:[美] 阿尔伯特·埃利斯 罗伯特·A.哈珀

当尼采哭泣
作者:[美] 欧文·D.亚隆

多舛的生命:
正念疗愈帮你抚平压力、疼痛和创伤(原书第2版)
作者:[美] 乔恩·卡巴金

身体从未忘记:
心理创伤疗愈中的大脑、心智和身体
作者:[美] 巴塞尔·范德考克

部分心理学(原书第2版)
作者:[美] 理查德·C.施瓦茨 玛莎·斯威齐

风格感觉:21世纪写作指南
作者:[美] 史蒂芬·平克

积极人生

《大脑幸福密码：脑科学新知带给我们平静、自信、满足》
作者：[美] 里克·汉森　译者：杨宁 等

里克·汉森博士融合脑神经科学、积极心理学与进化生物学的跨界研究和实证表明：你所关注的东西便是你大脑的塑造者。如果你持续地让思维驻留于一些好的、积极的事件和体验，比如开心的感觉、身体上的愉悦、良好的品质等，那么久而久之，你的大脑就会被塑造成既坚定有力、复原力强，又积极乐观的大脑。

《理解人性》
作者：[奥] 阿尔弗雷德·阿德勒　译者：王俊兰

"自我启发之父"阿德勒逝世80周年焕新完整译本，名家导读。阿德勒给焦虑都市人的13堂人性课，不论你处在什么年龄、什么阶段，人性科学都是一门必修课，理解人性能使我们得到更好、更成熟的心理发展。

《盔甲骑士：为自己出征》
作者：[美] 罗伯特·费希尔　译者：温旻

从前有一位骑士，身披闪耀的盔甲，随时准备去铲除作恶多端的恶龙，拯救遇难的美丽少女……但久而久之，某天骑士蓦然惊觉生锈的盔甲已成为自我的累赘。从此，骑士开始了解脱盔甲，寻找自我的征程。

《成为更好的自己：许燕人格心理学30讲》
作者：许燕

北京师范大学心理学部许燕教授30年人格研究精华提炼，破译人格密码。心理学通识课，自我成长方法论。认识自我，了解自我，理解他人，塑造健康人格，展示人格力量，获得更佳成就。

《寻找内在的自我：马斯洛谈幸福》
作者：[美] 亚伯拉罕·马斯洛 等　译者：张登浩

豆瓣评分8.6，110个豆列推荐；人本主义心理学先驱马斯洛生前唯一未出版作品；重新认识幸福，支持儿童成长，促进亲密感，感受挚爱的存在。

更多>>>
《抗逆力养成指南：如何突破逆境，成为更强大的自己》　作者：[美] 阿尔·西伯特
《理解生活》　作者：[美] 阿尔弗雷德·阿德勒
《学会幸福：人生的10个基本问题》　作者：陈赛 主编

心理学教材

《发展心理学:探索人生发展的轨迹(原书第3版)》
作者:[美]罗伯特·S.费尔德曼 译者:苏彦捷 等
哥伦比亚大学、明尼苏达大学等美国500所大学正在使用,美国畅销的心理与行为科学研究方法教材,出版30余年,已更新至第11版,学生与教师的研究指导手册

《儿童发展心理学:费尔德曼带你开启孩子的成长之旅(原书第8版)》
作者:[美]罗伯特·S.费尔德曼 译者:苏彦捷 等
全面、综合介绍了儿童和青少年的发展。北京大学心理与认知科学学院苏彦捷教授领衔翻译;享誉国际的发展心理学大师费尔德曼代表作,作哈佛大学等数百所美国高校采用的经典教材;畅销多年、数次再版,全球超过250万学生使用

《发展心理学:桑特洛克带你游历人的一生(原书第5版)》
作者:[美]约翰·W.桑特洛克 译者:倪萍萍 翟舒怡 李璎媛 等
全美畅销发展心理学教材,作者30余年发展心理学授课精华,南加利福尼亚大学、密歇根大学安娜堡分校等美国高校采用的经典教材

《教育心理学:主动学习版(原书第13版)》
作者:[美]安妮塔·伍尔福克 译者:伍新春 董琼 程亚华
国际著名教育心理学家、美国心理学会(APA)教育心理学分会前主席安妮塔·伍尔福克代表作;北京师范大学心理学部伍新春教授领衔翻译

《教育心理学:激发自主学习的兴趣(原书第2版)》
作者:[美]莉萨·博林 谢里尔·西塞罗·德温 马拉·里斯-韦伯
译者:连榕 缪佩君 陈坚 林荣茂 等
第一部模块化的教育心理学教材;国内外广受好评的教育心理学教科书;集实用性、创新性、前沿性于一体。本书针对儿童早期、小学、初中、高中各年龄阶段的学生,分模块讲解各种教育策略的应用。根据各阶段学生的典型特征,各部分均设置了相关的生动案例,使读者可以有效地将理论和实践结合起来

更多>>> 《斯滕伯格教育心理学(原书第2版)》 作者:[美]罗伯特J.斯滕伯格 温迪M.威廉姆斯 译者:姚梅林 张厚粲 等